CHRISTOPH ALLWANG
DANIEL SIMON

DIE RENNRAD WERKSTATT

REPARATUR | MONTAGE | PFLEGE | WARTUNG

DELIUS KLASING VERLAG

Inhalt

1 Faszination Rennrad

GIRO
ENDURA

Vorwort

**Liebe Rennrad-Fans, sehr geehrte Leser*innen,
wir freuen uns, Ihnen eine gänzlich überarbeitete und rundum aktualisierte Auflage des bewährten Standardwerks zur Montage, Wartung und Pflege moderner Rennräder zu präsentieren.**

Die vielen Neuerungen, die sich seit der letzten Überarbeitung auf breiter Front etabliert haben, haben unseren Fokus vor allem auf wichtige Details beim Montieren und Justieren der mechanischen und elektronischen Schaltungen gelegt. Und auch beim Thema Scheibenbremsen sind wir in spezifische Bereiche vorgestoßen, um das Thema der aktuellen Marktsituation entsprechend zu behandeln. So ist *Die Rennrad-Werkstatt* ein kompetentes und umfangreiches Nachschlagewerk für all diejenigen geworden, die ihr Sportgerät gern selbst in Schuss halten und sich mit Neugier auch an komplexere Thematiken heranwagen. Bedenken Sie bitte, dass sich trotz all unserer Bemühungen um Aktualität Produkte und damit Vorgehensweisen bei der Montage und der Einstellung ändern können. Bitte ziehen Sie deshalb immer auch die aktuellen, originalen technischen Handbücher und Gebrauchsanweisungen der Hersteller zurate. Sie finden diese meist unter dem Stichwort „Service“ auf den Internetseiten der Hersteller. Hier werden auch vermehrt hilfreiche Videos angeboten, welche die Handgriffe veranschaulichen. An dieser Stelle dürfen die Autoren auch auf die Werkstatt-Videos des Radsport-Magazins *TOUR* hinweisen, wo viele der beschriebenen Themen in bewegten Bildern gezeigt werden. Sie finden diese Videos zu verschiedenen Themenbereichen auf der Website des *TOUR*-Magazins.

Unser Bestreben war, eine auch für Neulinge verständliche Beschreibung der notwendigen Arbeitsschritte anzubieten, die fachlich mit den Anweisungen der Hersteller konform ist, aber auch unsere eigenen Erfahrungen aus dem Umgang mit der oft komplexen Technik mit einfließen lässt.

Egal ob mechanisch, elektronisch oder hydraulisch, das Rennrad bleibt das effizienteste Fortbewegungsmittel für Sportler, Genießer und Abenteurer.

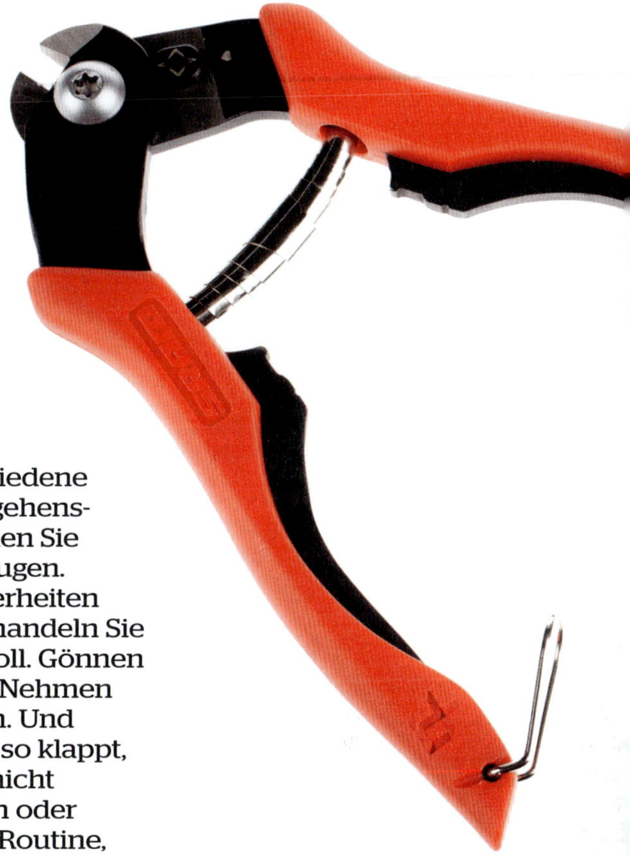

Ungeachtet, ob es das Interesse an der Technik oder die Freude am Selbermachen ist: Am eigenen Rennrad zu schrauben macht Spaß!

Bei einigen Arbeitsschritten gibt es verschiedene (eventuell im Buch nicht dargestellte) Vorgehensweisen, die zum gleichen Ziel führen. Finden Sie selbst heraus, welche Methode Sie bevorzugen. Entwickeln Sie ein Gespür für die Besonderheiten und Feinheiten an Ihrem Sportgerät, und handeln Sie sicherheitsbewusst und verantwortungsvoll. Gönnen Sie sich gutes und spezifisches Werkzeug. Nehmen Sie sich Zeit zu lernen und auszuprobieren. Und seien Sie geduldig, wenn nicht alles gleich so klappt, wie es sollte. Scheuen Sie sich im Zweifel nicht davor, Ihren Fachhändler um Rat zu fragen oder ihr Rad in professionelle Hände zu geben. Routine, Erfahrung und dauerhafte Lösung von Problemen sind auch in diesem Handwerk den Preis wert.

Viel Freude bei der Lektüre unseres Buches, viel Erfolg beim Arbeiten an der Technik und viel Spaß beim Fahren auf Ihrem Rennrad wünschen Christoph Allwang und Daniel Simon.

Werkstatt-Videos
Auf „www.tour-magazin.de" finden Sie unsere Videos:

Reifen-Schlauchwechsel

Tubeless-Montage

Laufrad zentrieren

Felgenbremse

Kette und Kassette wechseln

Alles über Schaltungen

1

Werkstatt und Werkzeug

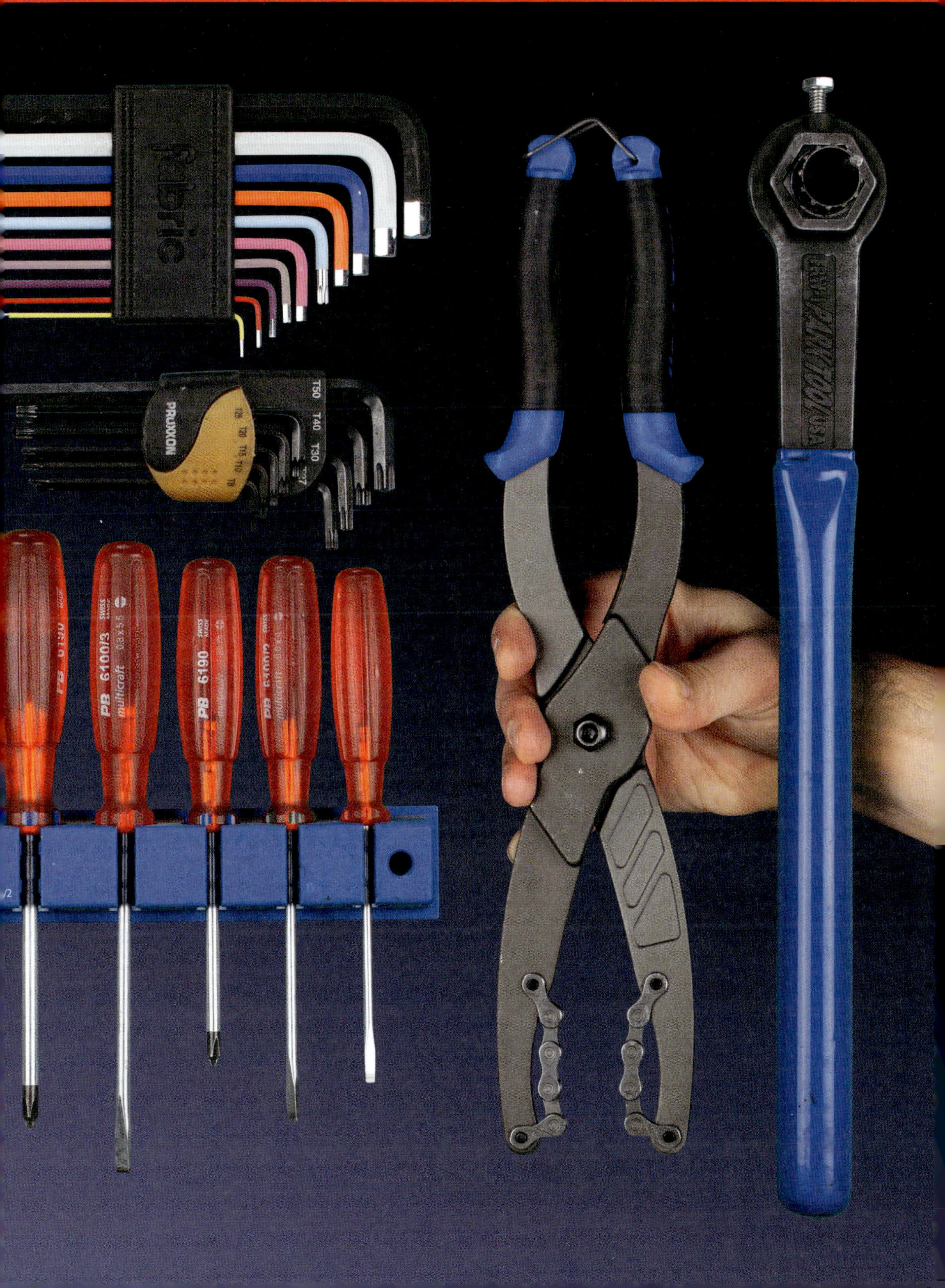
fabric
T50
T40
T30
PB 6100/3
multicraft
PB 6190

Handwerkszeug

Es ist gar nicht so schwer, sich die eigene kleine Werkstatt einzurichten. So kann man sich selbst und den Sportfreunden schnell und unkompliziert bei Wartung und Reparaturen am Rennrad helfen. Gutes Werkzeug und sinnvolle Ausstattung machen die Arbeit zum Vergnügen.

„Ich hab da einen Freund, der kann das!“ ist eine gar nicht so seltene Antwort auf die Frage unter Rennrad-Kumpanen, wie man das Thema Service und Reparaturen handhabt. Bei einem unübersehbar großen Anteil an Rennrädern von Versandhändlern und teilweise wochenlangen Wartezeiten in den Fachwerkstätten ist es verständlich, dass viele Sportler nach Möglichkeiten suchen, wie sie selbst ihr Sportgerät stets in sicherem und perfekt funktionierendem Zustand halten. Die Fahrradwerkstatt im eigenen Keller oder Hobbyraum ist ein Wunschprojekt vieler Radler. Und wie in vielen anderen Sparten auch ist nicht nur das Wissen über das Vorgehen wichtig. Auch die Auswahl und Verfügbarkeit des passenden Werkzeugs trägt entscheidend zum Erfolg bei den Arbeiten am Fahrrad bei. Bei der Zusammenstellung der Werkzeuge und Hilfsmittel sollte man sich in erster Linie am eigenen Rad orientieren. Vor allem, wenn es um Spezialwerkzeuge oder herstellereigene Werkzeuge wie Entlüftungssets oder Montagelehren geht, sollte die Überlegung sein, wie häufig diese Teile wohl benötigt werden und ob sich deren Anschaffung lohnt. Auch sollte man sich realistisch einschätzen, welche Service- und Wartungsarbeiten man sich zutraut und bei welchen man doch besser den Profi Hand anlegen lässt. Die kleine Werkstatt zu Hause kann recht kostengünstig und mit geringem Aufwand z. B. mit einem ausrangierten Schreibtisch oder einer alten Küchenanrichte als Werkbank realisiert werden. An die Rückseite eine Pressspanplatte als Werkzeugwand geschraubt, Schubläden oder Kunststoffboxen zur Aufbewahrung von Ersatzteilen daruntergeschoben, und schon macht das Arbeiten noch mehr Spaß, weil

Leichte, kompakte und stabile Montageständer wie dieser Tacx Spider sind bei Profimechanikern beliebt, weil sie faltbar und trotzdem sehr robust sind.

die Werkzeuge schnell gefunden werden und immer in erreichbarer Nähe sind. Ein fest montierter Schraubstock ist als Halter, variierbare Unterlage und Aufspannhilfe oft eine wertvolle Hilfe. Das Fahrrad selbst ist bei der Bearbeitung am sinnvollsten auf einem stabilen Montageständer aufgehoben. Die Philosophien, ob dabei ein Modell mit Halteklaue besser ist (wie z. B. Park Tool PCS 10.2), bei dem das Rad komplett eingespannt werden kann, oder ein Modell mit Gabelklemmung (z. B. Tacx Spider), bei dem das Rad über die Gabel gespannt wird, sind unterschiedlich, aber nicht essenziell. Vorteil der ersten Variante ist, dass das Vorderrad eingebaut bleibt und man z. B. auch Einstellungen an der Vorderradbremse vornehmen kann. Vorteil der zweiten Variante ist, dass das Rad hier etwas stabiler gehalten wird – ein Vorteil z. B. bei Arbeiten am Tretlager.

Ein Rollkoffer oder eine handliche Werkzeugbox sind ideal für den mobilen Einsatz, um anderen und sich selbst helfen zu können. Die Dankbarkeit der Sportkameraden über einen doch noch möglichen Start beim großen Marathon, weil der Schaltzug getauscht werden konnte, oder auch nur über den Seitenschneider zum Abzwicken der Startnummern-Kabelbinder ist meist groß und sollte viel öfter mit einem spendierten Getränk honoriert werden.

Montageständer mit Halteklaue sind universell einsetzbar. Die Möglichkeit zum schnellen Ein- und Ausspannen des Rades, ein stabiler Stand und flexible Verstellbarkeit sollten die Auswahlkriterien sein.

Standardwerkzeug

1 Seitenschneider
Mit dem Seitenschneider können Kabelbinder gekürzt oder Endkappen gequetscht werden. Zum Ablängen von Zügen und Hüllen eignet sich ein Kabelschneider besser.

2 L-Innensechskantschlüssel
Mit Kugelkopf an der langen Seite, um auch an schwer zugänglichen Stellen schrauben zu können. Der lange Hebel hilft auch festsitzende Schrauben zu lösen.

3 T-Innensechskantschlüssel
Unverzichtbares Werkzeug zum schnellen und präzisen Drehen von Innensechskantschrauben.

4 Maßband
Für alle Arbeiten, bei denen es um präzise Anpassung und Wiederholbarkeit geht.

5 Marker
Zur Markierung von Grundeinstellungen oder zum Festhalten der ursprünglichen Position vor dem Abbau von Komponenten.

6 Gabelschlüsselset
Wird zur Bremsen- und Pedalmontage sowie bei mancher Satteljustierung benötigt.

1

2

3
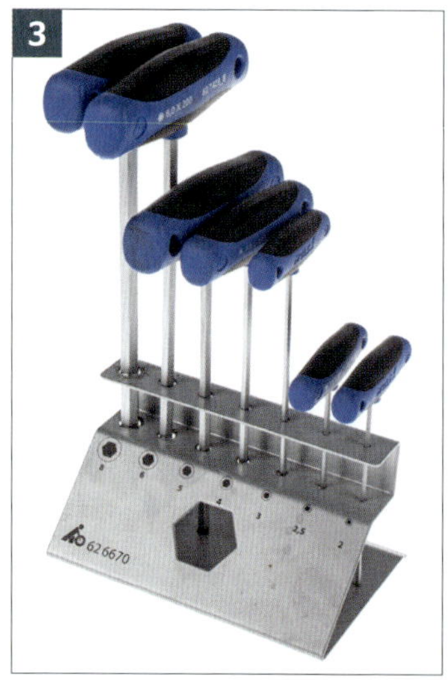

4

5
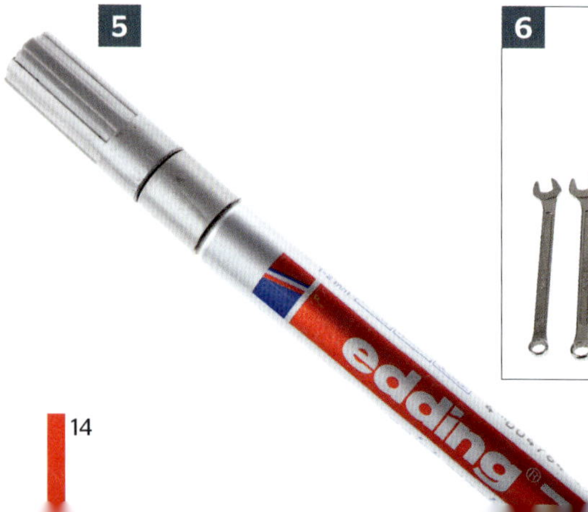

6
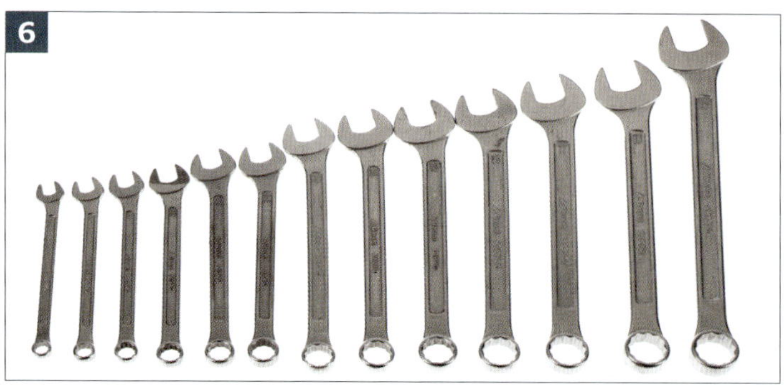

7

8

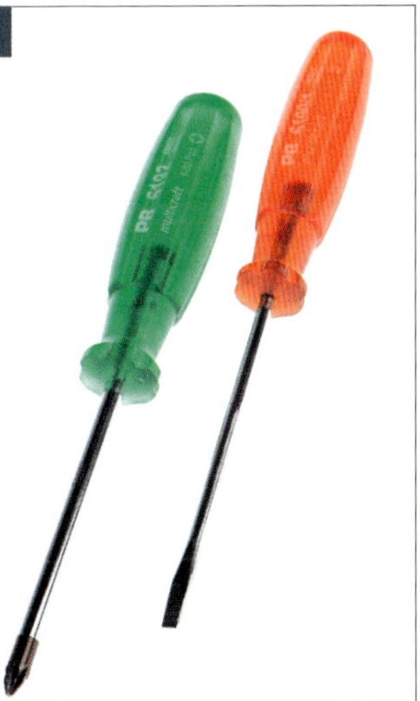

7 Torx-Winkelschlüssel
Seit ein paar Jahren verwenden einige Hersteller die sternförmigen Torx-Schlüssel. Deshalb sollten zumindest die meistverwendeten Größen T25 und T10 in keiner Werkstatt fehlen.

8 Schraubendreher
Zur Standardausstattung einer gut sortierten Rennrad-Werkstatt gehören unbedingt verschiedene Größen von Schlitz- und Kreuzschlitzschraubendrehern. Kleine Schlitzschraubendreher eignen sich auch gut als Taster, Schaber oder Stichel.

9

10

9 Spitzzange
Die Spitzzange ist ein universelles Werkzeug zum Halten, Greifen, Ziehen, Biegen und Quetschen.

10 Wasserwaage
Besonders um präzise Sattel- und Lenkereinstellungen vornehmen zu können, ist die Wasserwaage ein nützliches Hilfsmittel.

Spezialwerkzeug

1 Drehmomentschlüssel
Unentbehrlich für sicheres Anziehen aller Arten von Schrauben. Nur so kann gewährleistet werden, dass sämtliche Schrauben an Leichtbauteilen nach den Drehmomentangaben festgezogen werden können. Zum Drehmomentschlüssel benötigt man die passenden Steckaufsätze (Bits).

2 Kettenschlosszange
Mit der Kettenschlosszange können Sie Kettenschlösser öffnen und mit manchen Zangen auch schließen.

3 Zahnarztwerkzeug
Solche Kratzer und Schaber bekommen Sie bei Ihrem Zahnarzt oder auf dem Flohmarkt. Sie eignen sich hervorragend, um feinste Verschmutzungen aus Winkeln und anderen schwer zugänglichen Stellen herauszuholen. Auch für feinfühlige Richt- und Positionierarbeiten ist das Werkzeug aus der Arztpraxis hilfreich.

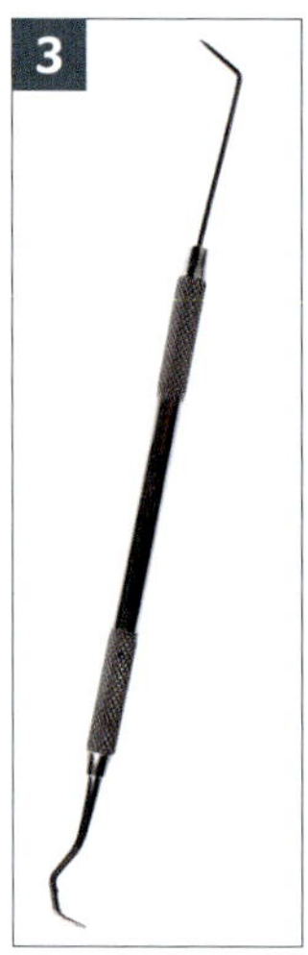

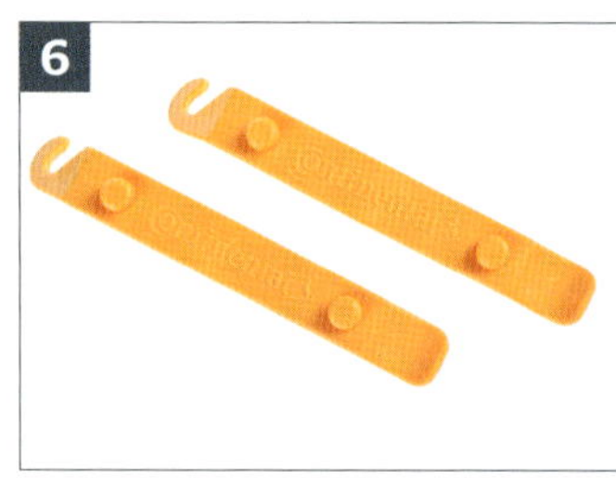

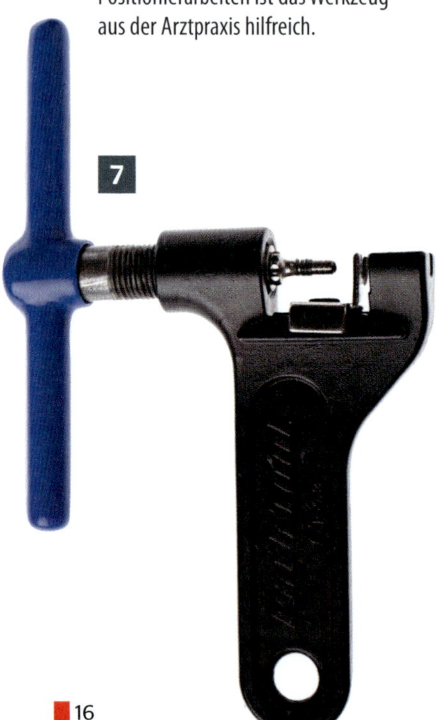

4 Scheibenrichtwerkzeug
Mit dem geschlitzten Hebel können Sie verbogene Bremsscheiben vorsichtig wieder gerade biegen.

5 Kettenmesslehre
Mit einer Kettenmesslehre können Sie die Auslängung Ihrer Kette bestimmen. Messwerkzeuge für die Kettenlängung gibt es in verschiedenen Ausführungen.

6 Reifenheber
Ideale Reifenheber sind an einer Seite löffelartig mit abgerundeten Kanten ausgeführt und haben auf der anderen Seite einen Haken, mit dem sie in die Speichen eingehakt werden können.

7 Kettennietwerkzeug
Kettennieter gibt es in verschiedenen Versionen. Nicht alle sind für alle Ketten geeignet. Informieren Sie sich, welchen Kettennieter die von ihnen verwendete Kette benötigt.

8

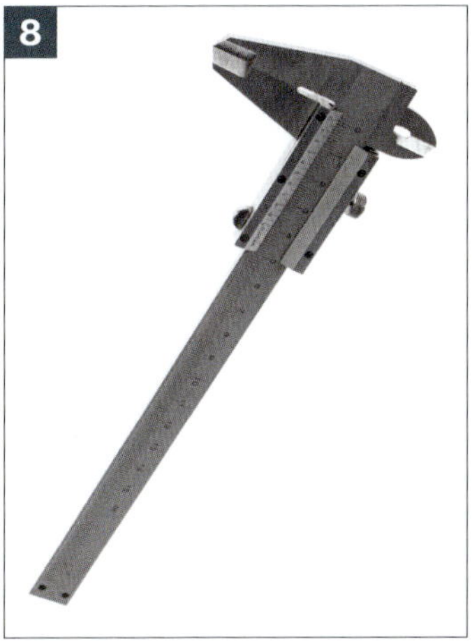

9

8 Messschieber
Mit dem Messschieber können Sie z. B. Bremsbeläge und Bremsscheiben auf ihren Abnutzungszustand überprüfen. Auch um Maße von Anbauteilen bestimmen zu können, benötigen Sie einen Messschieber mit einer Genauigkeit von 1/10 mm.

9 Standpumpe
Eine robuste Standpumpe, die mit wenig Kraftaufwand bis zu 10 bar Druck erzeugt, gehört in jede Werkstatt.

10

11

12

13

10 Abzieher für Verschlussringe
Dieses Werkzeug besteht aus dem Vielzahneinsatz für den Verschlussring und einem Hebelarm, um den Einsatz drehen zu können. Man benötigt es zum Abziehen von Verschlussringen an Kassetten und Bremsscheiben.

11 Kettenzange oder Kettenpeitsche
Die Kettenzange oder Kettenpeitsche wird benötigt, um die Kassette beim Abziehen vom Freilaufkörper festhalten zu können. Die Kettenzange ist etwas teurer und sperriger als die Kettenpeitsche, jedoch einfacher in der Handhabung.

12 Kabelschneider
Ein solcher Kabelschneider mit sich überschneidenden Klingen kann Schalt- und Bremszüge sowie Zughüllen scharf und fast ohne Grat oder Spliss durchtrennen.

13 Montageständer
Ein stabiler, universeller Montageständer mit vielen Verstellmöglichkeiten erleichtert Wartungs-, Einstell- und Pflegearbeiten am Rad.

Pflegen

1 Carbonpaste
Carbonpaste sollte bei geklemmten Carbon- und Alukomponenten verwendet werden, um die Reibung zwischen den Bauteilen zu erhöhen und somit das notwendige Drehmoment zu reduzieren.

2 Multifunktionsöl
Kriechfähig und deshalb gut für Gelenke und schwer zugängliche Schmierpunkte.

3 Kettenschmiermittel
Man unterscheidet hauptsächlich zwischen Öl und Trockenschmiermittel. Öl erzeugt eine dauerhafte Schmierung, Trockenschmiermittel sind dagegen resistenter gegen Schmutz. Tropffläschchen zum dosierten Beträufeln sind sinnvoller als breitsprühende Sprays.

4 Polituspray
pflegt und versiegelt blanke oder lackierte Oberflächen. Erschwert erneute Schmutzanhaftung.

5 Montagepaste
Montagepaste verhindert das Festkorrodieren und ist oft ein wirksames Mittel gegen Knack- und Knarzgeräusche an verschraubten und eingepressten Lagern.

6 Lagerfett
Dünnes Lagerfett wird für die Schmierung von Tretlagern, Steuersätzen, Freiläufen und Kettenschlössern verwendet. Außerdem verhindert Lagerfett das Eindringen von Schmutz und Feuchtigkeit.

7 Schraubensicherung
Schraubensicherungskleber wird beispielsweise für Befestigungsschrauben an Bremsscheiben und Bremszangen benötigt.

8 Microfasertuch
Das saugfähige Gewebe eignet sich perfekt zum Abtrocknen und Polieren.

Reinigen

1 Schwamm und Lappen
Bewährt für schonendes Putzen und Pflegen von Rahmen und Oberflächen.

2 Gebrauchte Zahnbürste
Zum Putzen schwer zugänglicher Zwischenräume.

3 Antriebsreiniger
Antriebsreiniger ist weniger aggressiv als z. B. Bremsenreiniger und deshalb zum Sauberhalten von Schaltkomponenten und Kette gut geeignet.

4 Bremsenreiniger
mit starkem Lösungsmittel entfettet Bremsscheiben und verdunstet rückstandsfrei. Nicht auf Carbonteile sprühen!

5 Brennspiritus
Spiritus ist ein universelles Reinigungsmittel und ideal, um Bauteile von Fettresten zu säubern.

6 Bürstensatz
Bürsten in verschiedenen Größen und Formen kommen vor allem bei gröberen, hartnäckigen Schmutzanhaftungen zum Einsatz.

7 Reinigungstücher
Die getränkten Tücher sind praktisch für die Radpflege ohne Wasser unterwegs.

8 Fahrradreiniger
Fahrradreiniger lösen starken Schmutz an und erleichtern das Abwaschen mit Wasser.

2 Laufräder und Reifen

GIRO

Hier läuft's rund

Die Laufräder prägen das Erscheinungsbild und die Eigenschaften eines Rennrads ganz entscheidend. Der Fahrcharakter wird zusätzlich durch Reifentyp und Reifendruck grundlegend beeinflusst. Die Laufräder beanspruchen deshalb eine besondere Aufmerksamkeit bei der Wartung und Pflege.

Obwohl Rennräder in den letzten Jahren sehr viel komplexer geworden sind und sich somit auch die möglichen Fehlerquellen vervielfältigt haben, zählt doch der klassische „Platten", „Plattfuß" oder „Schaden" genannte Defekt noch immer zu den häufigsten Pannen am Rennrad. Daran können auch neue Konzepte wie z. B. Tubeless-Reifen nicht signifikant etwas ändern. Zur bestmöglichen Vermeidung platter Reifen sind nach wie vor folgende Kriterien entscheidend: bei klassischen Draht- oder Faltreifensystemen („Clincher"), Reifen mit gutem Pannenschutz, ein gut passender, dichter Schlauch und ein optimal sitzendes Felgenband.

Bei Tubeless-Reifen-Systemen benötigt man zum sorgenfreien Fahren statt des Schlauchs eine gut gearbeitete, dichte Felge und ein dazu passendes Tubeless-Felgenband sowie die richtige Menge schnell reagierende Tubeless-Dichtmilch.

Tubeless-Systeme werben mit den Vorteilen besseren Pannenschutzes und leichteren Laufs. Der Vorteil beim Pannenschutz besteht in der Dichtmilch, die sich direkt im Reifen befindet. Wird die Reifenhülle von einem Fremdkörper wie einem Splitter oder Nagel durchdrungen, kann die Dichtmilch durch eine chemische Reaktion, bei der sich die flüssige Milch mit komprimierter Luft innerhalb von Sekunden in eine zähe Dichtmasse verändert, das entstandene Loch abdichten. So muss der Reifen nicht abgenommen, sondern meist nur wenig Luft nachgepumpt werden. Der leichtere Lauf von Tubeless-Reifen ergibt sich durch den geringeren Rollwiderstand. Durch das Fehlen eines Innenschlauchs

Das meistverwendete Reifensystem ist immer noch der Draht- oder Faltreifen mit einem Butylschlauch. Einfach in der Anwendung und flexibel austauschbar.

Achten Sie vor allem bei aerodynamischen Hochprofilfelgen auf die richtige Ventillänge. Auch der Ersatzschlauch im Reifentäschchen muss passen!

muss der Reifen weniger Walkarbeit verrichten, der Fahrer fährt bei gleicher Tretleistung schneller.

Ein weiterer Hinweis soll noch zur Verwendung extrem leichter Latex- oder Thermoplast-Schläuche in Clincher-Systemen gegeben werden: Auch hier liegen die Vorteile bei der leichten Gewichtseinsparung und dem verringerten Rollwiderstand. Eine äußerst vorsichtige, werkzeugfreie Montage ist hier essenziell, um den teuren, empfindlichen Schlauch nicht zu beschädigen oder zwischen Reifenwulst und Felgenhorn einzuzwicken. Beachten Sie außerdem, dass sowohl Tubeless-Reifen als auch Latex- und Thermoplast-Schläuche den hohen Luftdruck bei Weitem nicht so lange halten können wie herkömmliche Butylschläuche. Während Butylschläuche oft über viele Tage den Druck im Reifen fast konstant hoch halten können, sollten Sie bei Tubeless-Systemen oder Leichtschläuchen den Reifendruck sicherheitshalber vor jeder Fahrt mit einem Manometer kontrollieren. Oft können Latex- und Thermoplast-Schläuche auch nur einmal in einem breiteren Reifen montiert werden, da sie sich nach dem ersten Aufpumpen ausdehnen und dann nicht mehr für die Verwendung in schmäleren Reifen eignen. Die Einführung von Scheibenbremsen an Rennrädern machte auch die Verwendung von Steckachsensystemen notwendig. Klassische Schnellspannersysteme findet man nur noch an den Rädern mit Felgenbremsen.

Durchgesetzt hat sich bei den Steckachsensystemen die Nabenbreite 142 mm mit einem Achsdurchmesser von 12 mm. Allerdings konnte man sich noch nicht auf eine weitgehend einheitliche Gewindesteigung einigen, hier koexistieren ca. fünf verschiedene Standards. Lassen Sie deshalb die Steckachse immer im Rahmen, und ersetzen Sie sie bei Bedarf nur durch Originalteile des Rahmenherstellers.

Laufrad ausbauen

Um eine Reifenpanne reparieren zu können oder das Rad für den Transport zu zerlegen, muss man die Laufräder aus der Gabel oder dem Hinterbau ausbauen. Kein Hexenwerk, wenn man weiß, wie.

1 Bremsentspannhebel öffnen
Öffnen Sie zuerst die Bremsschenkel mithilfe des Bremsentspannhebels so weit, dass der Reifen zwischen den Bremsbelägen herausgenommen werden kann.

2 Nabenschnellspanner öffnen
Schalten Sie jetzt auf das kleinste Ritzel der Kassette. Öffnen Sie den Schnellspanner der Nabe, indem Sie ihn nach außen aufklappen.

3 Laufrad abnehmen
Ziehen Sie den oberen Teil des Schaltkäfigs nach hinten, das Laufrad kann jetzt aus den Ausfallenden herausfallen.

Ausfallsicherung
Manche Gabeln besitzen sogenannte Ausfallsicherungen an den Ausfallenden. Diese „Nasen“ dienen dazu, dass selbst wenn ein Schnellspanner zu locker eingestellt wurde, das Vorderrad nicht ganz aus der Gabel fallen kann. Um das Vorderrad herausnehmen zu können, muss jedoch die Einstellschraube auf der rechten Seite der Schnellspannachse nach dem Öffnen des Schnellspanners immer noch ein Stück weiter herausgeschraubt und beim Verschließen des Schnellspanners jedes Mal wieder neu justiert werden.

Laufrad einbauen

1 Schaltwerk zurückziehen
Achten Sie vor dem Einbau darauf, dass die Schaltung in der ganz entspannten Schaltposition für das kleinste Ritzel steht. Ziehen Sie zum Einbauen des Hinterrades das Schaltwerk am Schaltkäfig gefühlvoll nach hinten, und fädeln Sie die Kette auf das kleinste Ritzel.

2 Hinterrad einbauen
Lassen Sie dann die Achse in die Ausfallenden gleiten, und drücken Sie sie ganz an die Anschläge in den Ausfallenden. Die Achse muss voll anliegen und darf sich nicht verkanten. Stellen Sie das Rad gerade am Boden ab, damit das Hinterrad nicht mehr aus den Ausfallenden fallen kann.

3 Schnellspanner schließen
Der Schnellspanner sollte so eingestellt sein, dass etwa in der gezeigten Position erstmals etwas Widerstand spürbar ist. Klappen Sie dann den Schnellspanner ganz zu, sodass er zwischen den Streben in seine Endposition gelangt. Falls die Klemmkraft noch zu hoch oder zu niedrig ist, klappen Sie den Schnellspanner wieder auf und justieren Sie an der Einstellschraube auf der rechten Seite der Schnellspannachse in kleinen Schritten die Klemmkraft.

Hinterrad ausbauen bei Systemen mit Scheibenbremse und Steckachse
Schrauben Sie zuerst die Steckachse locker, und ziehen Sie sie dann ganz heraus. Ziehen Sie nun das Schaltwerk am Parallelogrammkörper gefühlvoll nach hinten, sodass das Laufrad frei nach unten herausgleiten kann. Ein kleiner Klapps von oben auf den Reifen des Laufrads hilft manchmal, dass sich das Hinterrad leichter aus den Ausfallenden löst. Achtung: Nehmen Sie das Laufrad gerade nach unten heraus, damit die Bremsscheibe nicht in der Bremszange verkantet und verbogen wird. Sichern Sie die Bremsbeläge mit einem Platzhalter, damit sie sich bei ungewollter Betätigung des Bremshebels nicht zusammenschieben.

Reifen demontieren

Egal ob Sie einen neuen Reifen montieren möchten oder nur den Schlauch wechseln müssen, zunächst muss der Reifen demontiert werden.

1 Ventil öffnen
Damit die Luft aus dem Schlauch ganz abgelassen werden kann, muss zuerst die kleine Rändelschraube ganz aufgeschraubt werden.

2 Luft ablassen
Drücken Sie dann den Ventilstößel ganz ein, damit die Luft vollständig aus dem Schlauch entweichen kann.

3 Reifen von der Felge lösen
Umfassen Sie nun die Felge fest, und drücken Sie mit beiden Daumen den Reifen nach innen vom Felgenhorn weg. Arbeiten Sie sich so um den ganzen Umfang der Felge, bis der Reifen locker im tiefsten Punkt der Felge liegt. Bei locker sitzenden Reifen und mit etwas Geschick können Sie jetzt schon eine Seite des Reifens über die Felgenflanke heben. Falls Ihnen das noch nicht gelingt, fahren Sie mit dem nächsten Schritt fort.

4 Reifenheber ansetzten

Setzen Sie einen Reifenheber ein paar Zentimeter neben dem Ventil unter dem Reifenwulst an. Versuchen Sie, ob Sie nun den Reifenwulst mit einem Reifenheber über die Felgenflanke hebeln können. Falls Ihnen das noch nicht gelingt, gehen Sie zu Schritt 5.

5 Reifen abziehen

Setzen Sie einen zweiten Reifenheber einige Zentimeter neben dem ersten an, und hebeln Sie den Reifenwulst über die Felgenflanke, indem Sie beide Reifenheber gleichzeitig nach unten drücken. Lassen Sie die Reifenheber nicht los, und schieben Sie einen am Felgenumfang vorsichtig weiter, sodass der Reifen weiter über die Felge gehebelt wird. Arbeiten Sie sich so um den gesamten Felgenumfang weiter vor, bis eine Seite des Reifens ganz von der Felge gelöst ist. Jetzt können Sie den Schlauch aus der Felge herausnehmen. Lassen Sie das Ventil noch in der Ventilbohrung der Felge stecken. Wenn Sie festgestellt haben, wo die Luft am Schlauch entweicht, können Sie somit einfach den Bereich im Reifen nach Fremdkörpern untersuchen.

Reifen prüfen

Wenn Sie den Verdacht haben, dass noch ein Fremdkörper im Reifen steckt, untersuchen Sie die Reifendecke gründlich von innen und außen. Manche kleine Splitter oder Scherben können nur ertastet werden, wenn der Mantel leicht hin und her gewalkt wird. Passen Sie auf, dass Sie sich dabei nicht an scharfen Gegenständen verletzen.

Tubeless-Reifen demontieren

Die Demontage von Tubeless-Reifen unterscheidet sich nicht groß von der eines normalen Drahtreifens. Da die Dichtlippen der Tubeless-Reifen leicht beschädigt werden können und dadurch nicht mehr genügend dicht sind, sollte auf die Verwendung von Reifenhebern nach Möglichkeit verzichtet werden.

1

2

3

1 Luft ablassen
Bringen Sie das Ventil in die 12-Uhr-Position, damit beim Luftablassen möglichst wenig Dichtmilch durch das Ventil herausspritzt. Öffnen Sie dann das Ventil, drücken Sie den Ventilstößel ein, und lassen Sie die Luft ganz ab.

2 Reifen vom Felgenhorn lösen
Die nächsten Schritte erfordern Kraft in Hand und Fingern. Umfassen Sie nun den Reifen fest, und drücken Sie mit beiden Daumen den Reifen stark nach innen, bis er sich vom Felgenhorn ablöst. Arbeiten Sie sich so weiter, bis die erste Seite ganz von der Felge gelöst ist. Verfahren Sie dann mit der zweiten Seite genauso. Vor dem nächsten Schritt muss der Reifenwulst beider Seiten locker in der Mitte des Felgenbetts, am tiefsten Punkt, liegen.

3 Erste Reifenseite von der Felge ziehen
Stellen Sie das Laufrad auf den Boden oder besser auf Ihren Schuhspitzen ab. Umgreifen Sie den Reifen fest, und ziehen Sie eine Seite des Reifens über die Felgenflanke. Setzen Sie dazu auch Ihr Körpergewicht ein, indem Sie sich über das Laufrad beugen. Benutzen Sie eventuell Arbeitshandschuhe, falls Sie nicht genug Grip am Reifen erzeugen können. Verzweifeln Sie nicht, falls Ihnen das nicht auf Anhieb gelingt. Dieser Handgriff erfordert etwas Übung, Kraft und Erfahrung. Gönnen Sie sich eine Pause, wenn Sie die Kraft in Händen und Armen verlässt.

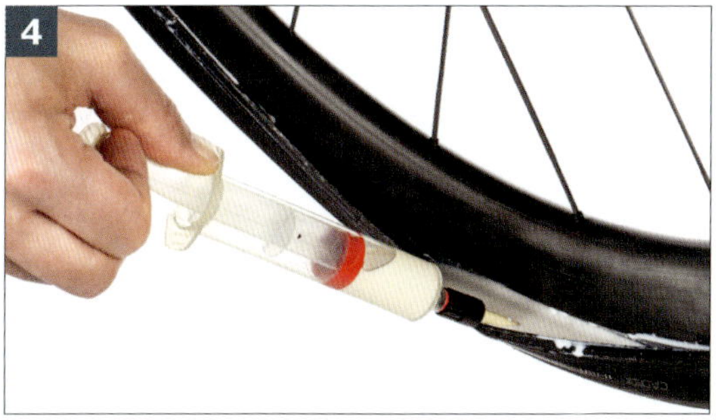

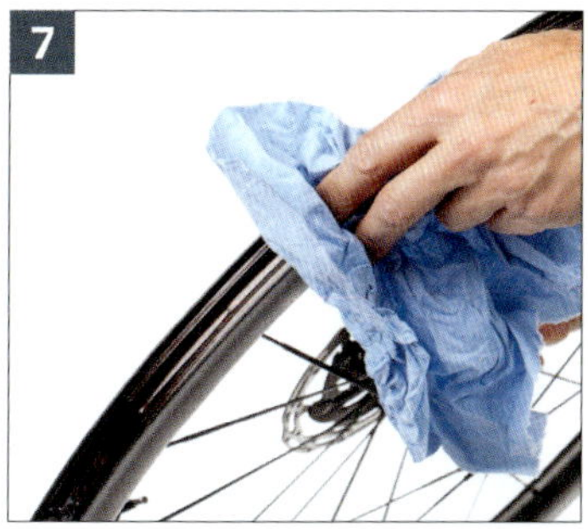

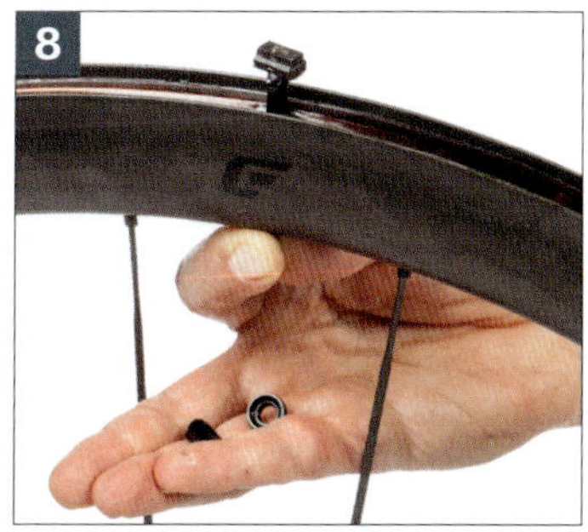

4 Dichtmilch absaugen
Im unteren Bereich des Reifens hat sich jetzt eine kleine Lache Dichtmilch gebildet. Saugen Sie diese Flüssigkeit mit einer Spritze ab. Falls Sie keine Spritze zur Verfügung haben, verwenden Sie stattdessen einen saugfähigen Lappen oder einen kleinen Schwamm.

5 Reifen reinigen
Wischen Sie dann die letzten Reste der Dichtmilch mit einem Lappen aus der Reifeninnenseite, bis der Reifen komplett trocken ist.

6 Reifen ganz abziehen
Greifen Sie den Reifen fest, und ziehen Sie jetzt auch die zweite Seite über die Felgenflanke.

7 Felge reinigen
Reinigen Sie nun auch die Felge von den Resten der Dichtmilch mit einem Lappen.

8 Tubeless-Ventil herausnehmen
Schrauben Sie die Rändelmutter des Tubeless-Ventils vom Ventil ab, und drücken Sie das Ventil durch die Felge heraus.

Schlauch einlegen
Wenn Sie mit einem Tubeless-System unterwegs eine Panne haben und die Dichtmilch den Reifen nicht mehr abdichten kann, müssen Sie einen Schlauch einziehen. Hier gehen Sie wie bei einem Drahtreifensystem vor. Achten Sie hier besonders darauf, dass der Schlauch vollständig im Inneren des Reifens verschwindet und sich nicht zwischen Felgenhorn und Reifenwulst klemmt. Ein eher schmälerer Schlauch lässt sich leichter in einen Tubeless-Reifen einlegen. Denken Sie auch an die richtige Ventillänge beim Ersatzschlauch.

Reifen montieren

Das Montieren eines Reifens ist nicht schwierig, wenn man die notwendigen Handgriffe kennt und vielleicht schon einmal geübt hat. Kraft in den Händen ist nur dann notwendig, wenn der Reifen ganz neu ist oder die Toleranzen des Reifens eng und die der Felge weit sind. Üben Sie das Reifenmontieren und -demontieren doch mal in einer Challenge mit Radfreunden abseits des Radfahrens.

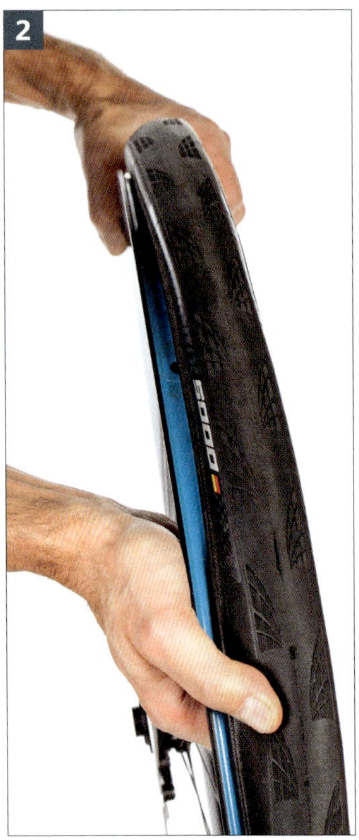

1 Laufrichtung
Achten Sie beim Montieren eines Reifens auf die Laufrichtung.

2 Erste Reifenseite aufziehen
Setzen Sie eine Seite des Reifens über eine Seite der Felge. Richten Sie das Logo der Typenbezeichnung so aus, dass es sich mittig über dem Ventil befindet.

3 Ventil einstecken
Pumpen Sie den Schlauch leicht auf, damit er etwas Form bekommt. Verschließen Sie das Ventil, und stecken Sie es durch das Ventilloch der Felge. Achten Sie dabei auf die richtige Ventillänge. Das Ventil sollte auf der Innenseite der Felge mindestens 2 cm herausragen, damit der Pumpenkopf weit genug aufgeschoben werden kann.

6

4 Schlauch einlegen
Legen Sie jetzt den Schlauch sorgfältig in den Reifen ein. Achten Sie darauf, dass der Schlauch sich nicht verdreht und nicht eingeklemmt wird.

5 Zweite Reifenseite aufziehen
Schrauben Sie das Ventil wieder auf, und lassen Sie die Luft ab. Heben Sie dann – von der dem Ventil gegenüberliegenden Seite aus – die zweite Seite des Reifens über das Felgenhorn. Arbeiten Sie sich auf beiden Seiten gleichmäßig in Richtung des Ventils vor.

6 Reifen ganz aufziehen
Klemmen Sie das Laufrad wie gezeigt zwischen Bauch und Oberschenkel, und drücken Sie mit dem Daumen kräftig die letzten Zentimeter des Reifenwulsts über die Felge. Wenn das nicht gelingt, fahren Sie mit dem nächsten Schritt fort.

7

8

9

7 Reifenheber zu Hilfe nehmen
Bringen Sie den Reifenwulst auf beiden Seiten des Ventils so weit wie möglich über die Felgenflanke nach innen. Haken Sie dann zwei Reifenheber an der Felge ein, ohne dabei den Schlauch zu klemmen. Hebeln Sie nun den außen liegenden Reifenwulst über das Felgenhorn.

8 Ventilfuß freisetzen
Drücken Sie jetzt das Ventil tief in Richtung Reifen, damit der Ventilfuß frei innerhalb des Reifens liegt.

9 Kontrolle
Walken und massieren Sie den Schlauch sorgfältig in die Hülle des ausgeformten Reifens, sodass auf beiden Seiten kein Stück des Schlauchs mehr außerhalb des Reifenwulsts sichtbar ist. Pumpen Sie den Reifen zuerst vorsichtig ein wenig auf, und kontrollieren Sie dann noch einmal, ob der Schlauch ganz im Reifen verschwunden ist. Daraufhin können Sie den Reifen auf den empfohlenen Druck aufpumpen. Oft ploppt der Reifen bei höherem Druck lautstark in das Felgenhorn ein. Das ist normal.

Kontrollmarkierung
Kontrollieren Sie nach dem Aufpumpen des Reifens den korrekten Sitz in der Felge anhand des Markierungsstreifens. Er muss immer den gleichen Abstand zur Felge haben.

Tubeless-Reifen montieren

Vor der Montage eines Tubeless-Reifens sollten Sie sich vergewissern, dass Reifen und Felge Tubeless-tauglich sind. Des Weiteren muss auch ein Tubeless-Felgenband auf der Felge aufgebracht sein. Auf die Verwendung von Reifenhebern sollte nach Möglichkeit verzichtet werden. Ein Kompressor oder eine Standpumpe mit Luftreservoir sind eine große Hilfe, um den Reifen beim ersten Aufpumpen in eine gut abgedichtete Position auf der Felge zu bringen.

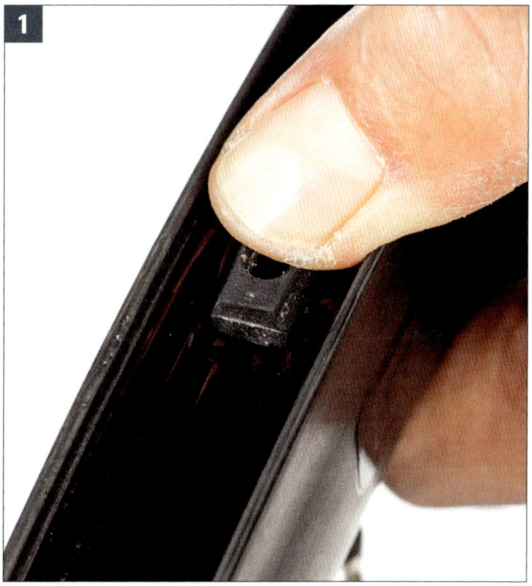

1 Tubeless-Ventil einstecken

Stecken Sie das Tubeless-Ventil durch das Ventilloch der Felge nach innen. Verwenden Sie ein einschraubbares Tubeless-Ventil, das lang genug ist, damit beim Aufpumpen der Pumpengummi noch gut abdichten kann. Die Form des Ventilunterteils sollte gut zur Felgenform passen und sich möglichst ohne Kanten in die Ventilbohrung der Felge schmiegen.

2 Tubeless-Ventil verschrauben

Schrauben Sie dann die Gegenmutter und ggf. einen Dichtgummi des Tubeless-Ventils fest. Achten Sie auf eine gute Abdichtung zwischen dem Felgenband und dem Dichtgummi an der Unterseite des Ventileinsatzes.

3 Laufrichtung prüfen und Reifen aufziehen

Prüfen Sie, ob der Reifen eine Laufrichtung hat, und bringen Sie dann eine Seite des Reifens über die erste Seite der Felge. Beginnen Sie am Ventil, und achten Sie darauf, dass der Reifenwulst außen neben dem Ventil liegt, sodass die Luft ins Innere des Reifens strömen kann. Richten Sie die Typenbezeichnung des Reifens mittig zum Ventil aus. Wenn Sie darauf achten, dass der Reifenwulst außer am Ventil stets in der Mitte der Felge an der tiefsten Stelle liegt, gelingt das Aufziehen am einfachsten.

4 Reifen aufziehen
Beginnen Sie nun, die zweite Seite des Reifens über die andere Felgenflanke in die Mitte der Felge zu heben. Wenn Sie den Reifen straff halten, bleibt der Reifenwulst in der Mitte der Felge und das Aufziehen gelingt leichter.

5 Ventileinsatz ausschrauben
Schrauben Sie jetzt den Ventileinsatz aus der Ventilhülse heraus.

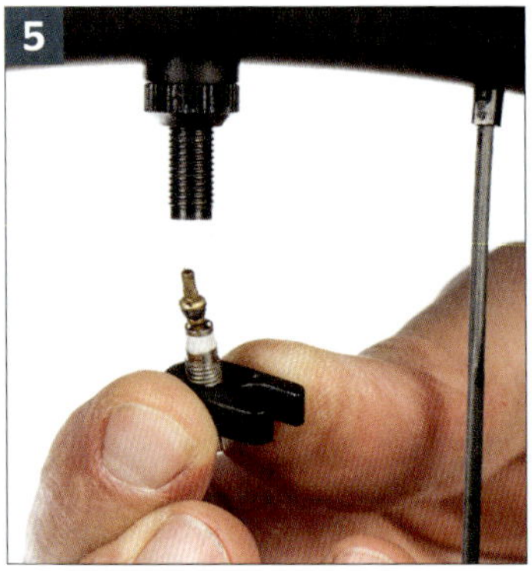

6 Reifen aufpumpen
Pumpen Sie dann den Reifen durch die Ventilhülse auf, sodass er über den gesamten Felgenumfang in die Endposition springt. Am besten gelingt dies mit einem Kompressor oder einer Standpumpe mit Luftreservoir, bei der eine große Menge Luft schnell entladen werden kann. Nach dem Abziehen der Pumpe bleibt der Reifen meist bereits in seiner Endposition auf der Felge. Falls er wieder zurück in die Felgenmitte springt, führen Sie die nächsten Schritte besonders vorsichtig durch, da eventuell beim endgültigen Aufpumpen noch Dichtmilch austreten und umherspritzen kann.

Wirksame Dichtmilch und passende Ventile sind essenziell für ein gut abgedichtetes Tubeless-System.

7

8

9

7 Dichtmilch einfüllen
Setzen Sie jetzt ein Füllfläschchen mit ca. 30–40 ml Dichtmilch oben an der Ventilhülse an. Drehen Sie dann das Ventil mit dem Füllfläschchen nach unten, und drücken Sie die Dichtmilch durch die Ventilhülse in den Reifen.

8 Ventileinsatz einschrauben
Schrauben Sie nun den Ventileinsatz wieder in die Ventilhülse, und pumpen Sie den Reifen auf den gewünschten Reifendruck auf.

9 Dichtmilch verteilen
Verteilen Sie nun die Dichtmilch gleichmäßig, indem Sie das Laufrad mehrmals um die Achse wenden und kippen.

Felgenband

Das Felgenband bildet die Auflage, auf welcher der Schlauch im Felgenbett liegt. Aus Sicherheitsgründen empfiehlt es sich, das Felgenband in regelmäßigen Abständen auf mittigen Sitz und auf eine gänzliche Abdeckung der Speichenbohrungen zu überprüfen. Einfache, spröde Felgenbänder neigen dazu, Risse zu bekommen. Tauschen Sie solche defekten Felgenbänder sofort aus, sie können die Ursache für plötzliche, gefährliche Schlauchplatzer sein. Verwenden Sie stattdessen selbstklebendes, dünnes Felgenband, wie es auch für Tubeless-Systeme verwendet wird. Tubeless-Felgenbänder müssen einwandfrei als solche gekennzeichnet sein.

1 Felgenband anheben
Wenn Sie ein nicht verklebtes Felgenband ausrichten müssen, heben Sie zuerst das Felgenband am Ventilloch mithilfe eines kleinen Schraubendrehers aus dem Felgenbett heraus, sodass Sie mit einem anderen Schraubendreher seitlich unter das Band fahren können.

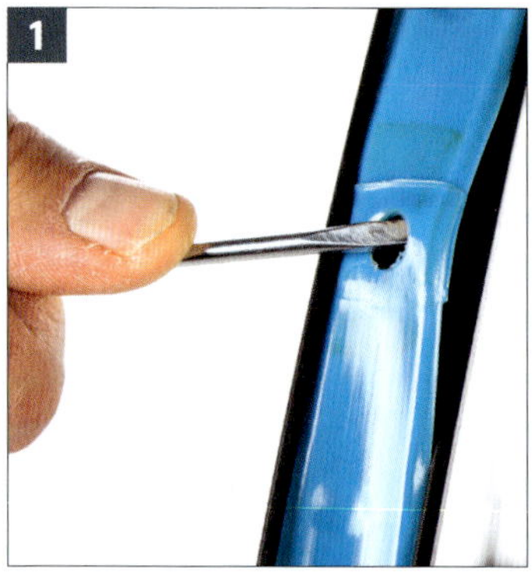

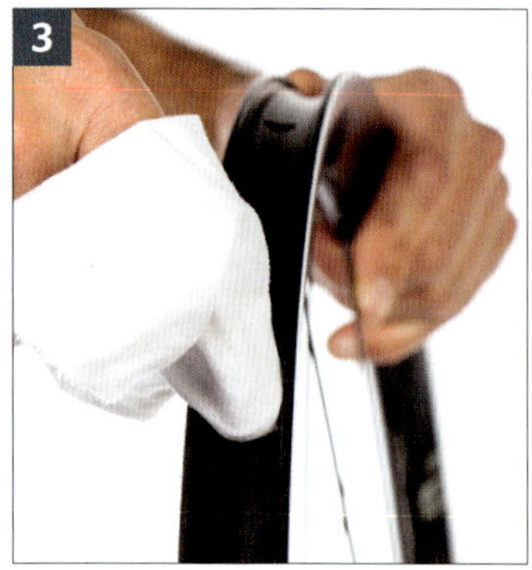

2 Felgenband ausrichten
Durch Umfahren der Felge mit dem Schraubendreher können Sie das Loch im Felgenband am Ventilloch ausrichten. Wenn Sie ein neues Felgenband montieren, hebeln Sie das alte mit dem Schraubendreher über die Felgenflanke ab.

3 Felge vorbereiten
Wenn Sie ein neues Felgenband aufkleben möchten, reinigen und entfetten Sie das Felgenbett zuerst mit Alkohol oder Spiritus. Prüfen Sie, welche Breite für Ihre Felge benötigt wird. Meist finden Sie im Benutzerhandbuch eine Empfehlung des Herstellers für die zu benutzende Felgenbandbreite. Im Zweifelsfall soll das Felgenband den Bereich der Speichenlöcher auf jeder Seite mindestens 4–5mm abdecken. Bedenken Sie: Wenn Druck auf den Reifen kommt, wird das Felgenband noch etwas tiefer in das Felgenbett gezogen.

4 Ventilloch abdecken
Beginnen Sie das Felgenband ca. 2 cm vor dem Ventilloch aufzukleben.

5

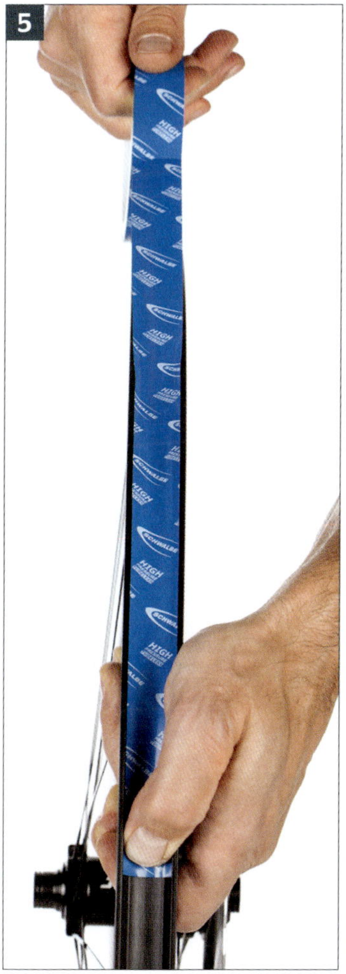

6

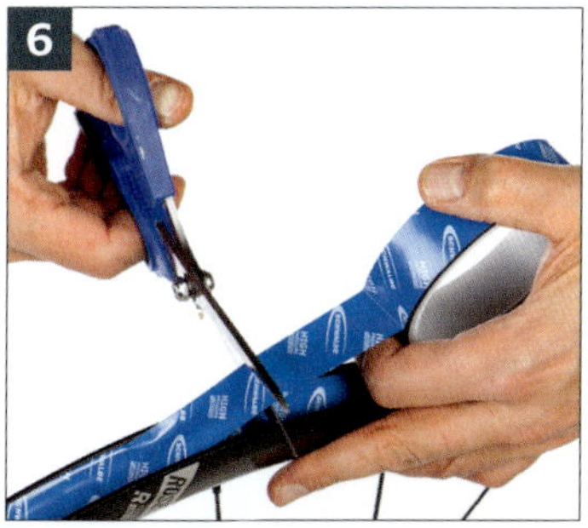

7

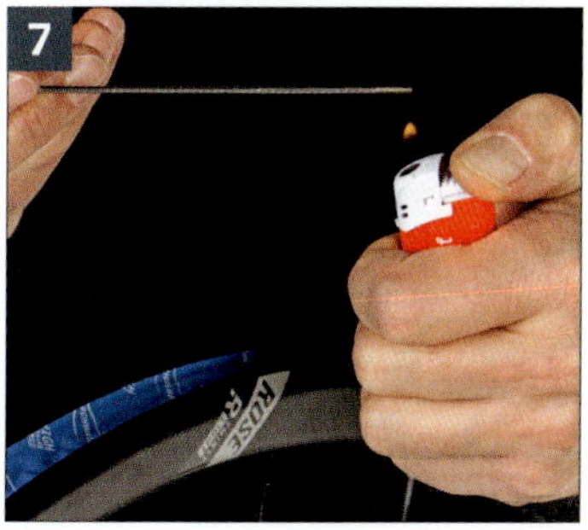

8

5 Felgenband aufkleben
Ziehen Sie das Band straff, und kleben Sie es gleichmäßig und mittig ausgerichtet auf das Felgenbett. Damit das Felgenband gut haftet, drücken Sie es anschließend mit dem Finger fest auf die Felge. Etwas Warmreiben hilft den Klebstoff zu aktivieren.

6 Felgenband abschneiden
Schneiden Sie das Felgenband nach der Überlappung ab. Die Enden sollten sich mindestens um 1–2 cm hinter dem Ventilloch überdecken.

7 Ventilloch markieren
Markieren Sie die Mitte des Ventillochs mit einem Stift. Erhitzen Sie dann eine Metallspitze oder einen Metalldorn.

8 Ventilloch einschmelzen
Schmelzen Sie nun mit der heißen Spitze vorsichtig das Ventilloch in das Felgenband hinein. Dadurch kann das Loch nicht einreißen.

Selbstklebende Felgenbänder können nicht verrutschen und sind für hohe Reifendrücke geeignet. Sie müssen exakt zur Felge passen, damit sie breit genug sind, die Speichenlöcher ganz abzudecken und einen Tubeless-Reifen abzudichten, gleichzeitig dürfen sie nicht zu weit in das Felgenhorn hineinragen, damit der feste Sitz des Reifenwulsts nicht gefährdet ist.

Schlauch flicken

Bei kleinen Löchern im Schlauch benötigt man nicht unbedingt einen neuen Schlauch. Es lohnt sich durchaus, einen Schlauch einfach zu flicken. Auch auf Tour ist das schnell passiert, wenn man weiß, worauf es ankommt.

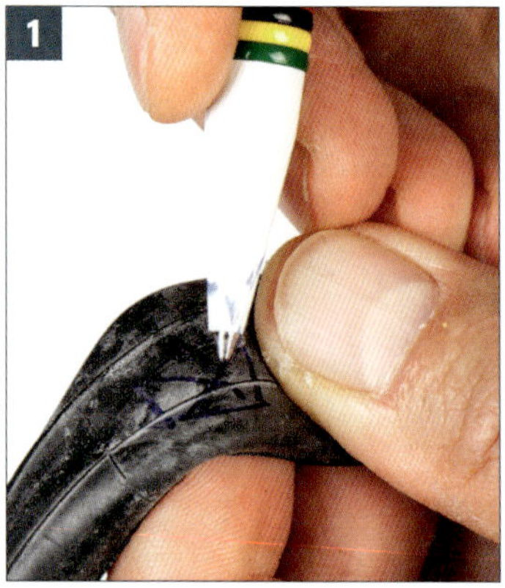

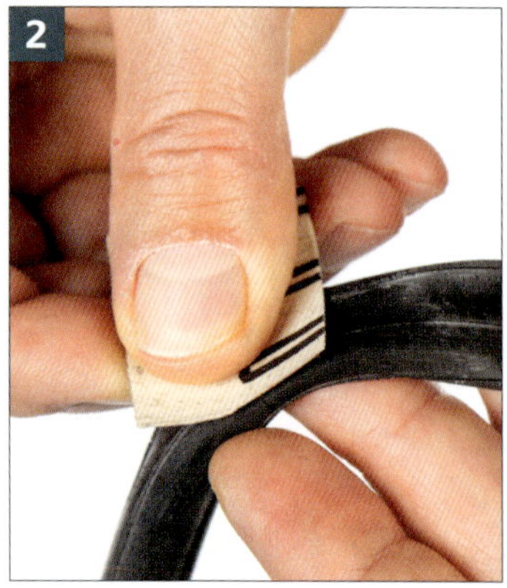

1 Markierung
Zeichnen Sie mit einem Kugelschreiber oder wasserfesten Stift ein Kreuz auf die defekte Stelle.

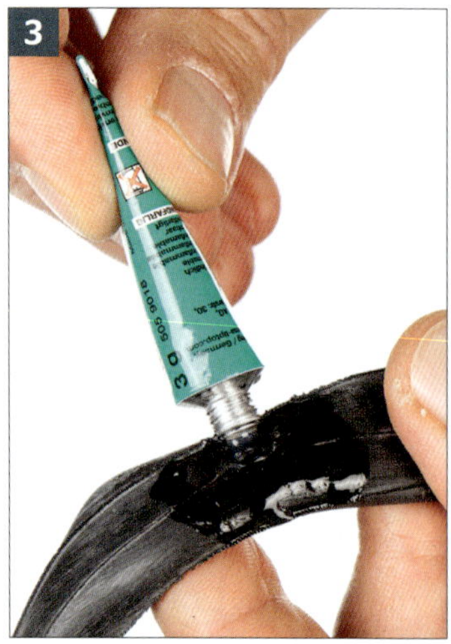

2 Aufrauen
Rauen Sie den Gummi mit Schleifpapier aus dem Schlauchreparaturset sichtbar auf.

3 Flüssigkeit auftragen
Tragen Sie großzügig Vukanisierflüssigkeit auf das Loch auf, und lassen Sie sie mindestens fünf Minuten antrocknen.

Meist hört man ziemlich genau, an welcher Stelle die Luft aus dem Schlauch entweicht.

Ein klassisches Flickset zur Schlauchreparatur gehört zum essenziellen Bordwerkzeug.

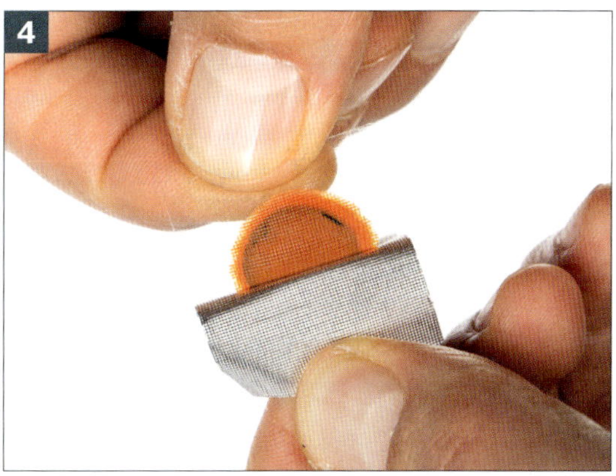

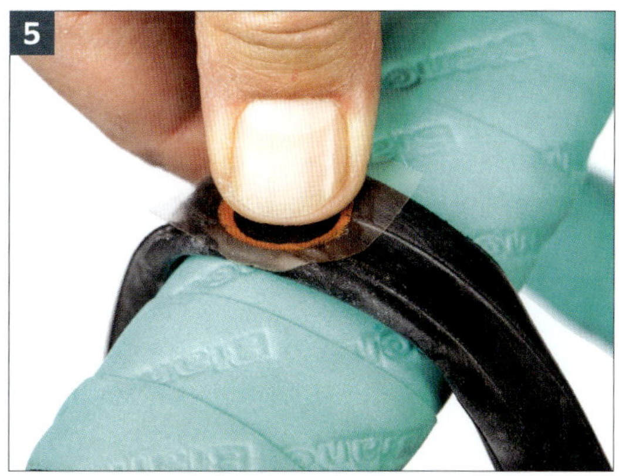

4 Folie abziehen
Wählen Sie einen Flicken, der zur Größe des Lochs passt. Ziehen Sie dann die Aluschutzfolie von Flicken und Trägerfolie ab.

5 Flicken andrücken
Drücken Sie den Flicken vor allem auch an den Rändern fest auf den Schlauch. Nutzen Sie dabei den Lenker oder den Rahmen als Auflagefläche.

6 Trägerfolie abziehen
Ziehen Sie zuletzt die durchsichtige Folie vorsichtig ab. Achten Sie darauf, dass sich der Rand des Flickens nicht mit ablöst.

Ventile

Ventile sind einfache, aber doch enorm wichtige Bauteile am Fahrrad. Wie wichtig sie sind, bemerkt man oft erst, wenn sie nicht mehr richtig funktionieren. Am Rennrad finden ausschließlich sogenannte Sclaverand-Ventile Verwendung. Sie sind zuverlässig und werden mit einer kleinen Rändelmutter geöffnet und verschlossen.

1

2

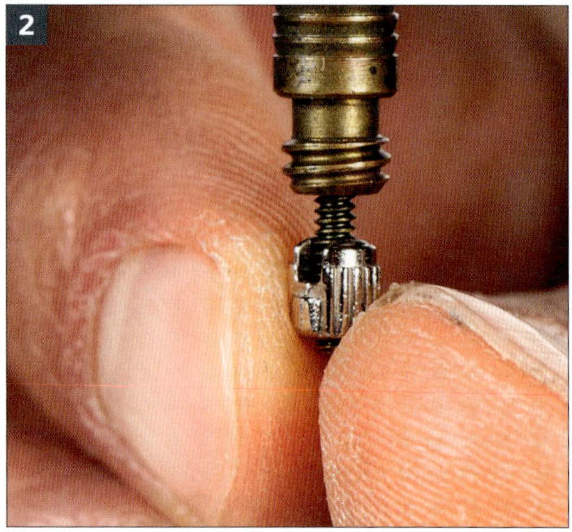

3

1 Ventillänge
Die richtige Länge des Ventils hängt von der Höhe der Felge ab. Der Ventilschaft sollte auf der Innenseite des Laufrads mindestens 2 cm aus der Felge herausragen, damit der Pumpenkopf bequem aufgesteckt werden und optimal abdichten kann. Länger als 4 cm sollte das Ventil aber nicht herausragen, sonst bekommt das Laufrad eine zu große Unwucht.

2 Ventil öffnen
Zum Aufpumpen oder Luftablassen muss die Rändelschraube am Stößel des Ventils ganz herausgeschraubt werden.

3 Ventilverlängerungen
Es gibt diverse Verlängerungen für Ventilschäfte. Am besten bewährt haben sich Verlängerungen, die zwischen Ventilschaft und Ventileinsatz eingeschraubt werden. So kann man problemlos Luft aufpumpen und ablassen.

Kleine aber hilfreiche Werkzeuge zum Ein- und Ausschrauben von Ventileinsätzen und Verlängerungen gibt es günstig beim Radhändler zu kaufen und sollten in keinem Bordwerkzeug fehlen.

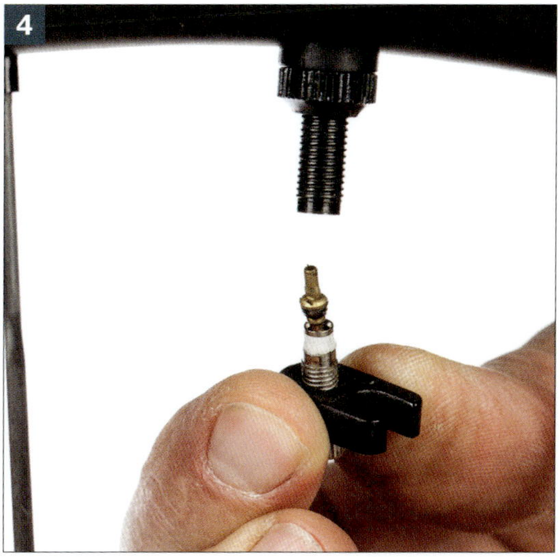

4 Ventileinsatz ausschrauben
Bei hochwertigen Schläuchen und Tubeless-Ventilen lässt sich der Ventileinsatz mit dem Ventilstößel herausnehmen. Wenn Sie kein passendes Werkzeug besitzen, können Sie sich mit einer Spitzzange behelfen.

5 Klappern eliminieren
In der Felge klappernde Ventile können Sie durch Umwickeln des Schafts mit Tape dämpfen und ruhigstellen.

6 Ventil verschließen
Nach dem Aufpumpen sollte das Ventil wieder verschlossen werden. Drehen Sie dazu die kleine Rändelmutter wieder zu.

Mechanische Schaltungen

Schaltzentrale der Kraft

Ob mechanisch oder elektronisch angesteuert, die Grundsätze beim Einstellen von Schaltungen sind fast identisch.

Obwohl die Elektronik mittlerweile Einzug in die Welt der Rennradtechnik gehalten hat, basiert ein Großteil des Gangwechsels nach wie vor auf mechanischen Grundlagen. Genau genommen ist jedes elektronische Schaltsystem eigentlich auch nur ein mechanisches Schaltsystem, bei dem die Schaltzüge durch Stellmotoren und die Rasterhebel durch Tippschalter ersetzt werden. Den Kettenwechsel selbst führen bei allen Schaltsystemen nach wie vor Schaltwerke und Umwerfer aus, welche die Kette mithilfe von Schaltröllchen und Leitblechen von einem zum anderen Ritzel und vom kleinen zum großen Kettenblatt umlenken. Inzwischen sind Gängezahlen von elf und zwölf Ritzeln die Normalität und bieten sowohl Topsportlern als auch Hobbyfahrern eine sehr breite und trotzdem fein abgestufte Vielfalt an Übersetzungen an, die eine ökonomische Fahrweise am Berg, in der Ebene und bei schnellen Sprints möglich machen. Um solch eine Vielzahl an Gängen präzise und unter hoher Belastung schalten zu können, wurden sowohl die Anforderungen an die Genauigkeit der Schaltkomponenten selbst als auch an das Einbauumfeld immer größer. Das heißt, dass leicht laufende Züge, exakt ausgerichtete Schaltaugen und penibel justierte Gänge an modernen Rennern wesentlich ausschlaggebender für eine einwandfreie Funktion sind, als diese Faktoren es noch vor ein oder zwei Modellgenerationen waren. Das Einstellen aller mechanischen Schaltsysteme folgt dabei grundsätzlich einer ähnlichen Logik: Begrenzungsschrauben oder Justierschrauben für den Bereich, in dem sich Schaltwerk oder Umwerfer bewegen sollen, sorgen

Moderne Schaltwerke bieten große Übersetzungsbandbreiten und sind dabei Kunstwerke der Feinmechanik.

dafür, dass das Schaltwerk oder der Umwerfer nicht unter das kleinste Ritzel oder Kettenblatt fällt und nicht über das größte Ritzel oder Kettenblatt hinausschaltet. Deshalb wird hier von einer inneren und einer äußeren Begrenzungsschraube gesprochen.

Die einzelnen Schaltschritte zwischen den Ritzeln und Kettenblättern werden durch den Rastermechanismus des Schalthebels und die Zugspannung des Schaltinnenzugs bestimmt.

Durch bis zu zwölf Ritzel am hinteren Getriebe wurden die Anforderungen auch an die vorderen Umwerfer bei den letzten Evolutionsstufen moderner Rennradschaltungen immer größer. Diesen Anspruch haben die Hersteller durch Meisterwerke der Feinmechanik bravourös gelöst. Dabei wurde aber eine extrem präzise Arbeits- und Vorgehensweise beim Montieren und Einstellen der Umwerfer nötig, die sich von derjenigen der Vorgängermodelle teilweise komplett unterscheidet. Deshalb ist im Zweifelsfall immer die ausführliche Montage- und Einstellanleitung des jeweiligen Herstellers Grundlage für sichere und optimale Schaltperformance.

Während sich die Technologien der drei großen Hersteller Shimano, SRAM und Campagnolo bei den Schaltwerken nur wenig unterscheiden, gibt es bei den mechanischen Umwerfern deutlichere Unterschiede. Wir haben uns entschieden, in den folgenden Kapiteln die kompletten Arbeitsschritte an den Schaltwerken und Umwerfern aller drei großen Hersteller zu erklären. Darunter sind auch Tipps und Kniffe aus unserer Praxiserfahrung, die so nicht in den Handbüchern der Hersteller stehen. Wichtig ist dabei fast immer die chronologisch richtige Vorgehensweise. Und meist bewährt sich ein vollkommen neues Einstellen der Komponenten mehr als der Versuch, einen falsch montierten oder falsch eingestellten Umwerfer nachzujustieren. Deshalb beschreiben wir diese Arbeitsvorgänge hier stets beginnend mit der Grundmontage.

Fehlerquellen vermeiden

Es ist essenziell für die einwandfreie Funktion von Shimano- und SRAM-Schaltwerken, dass das Schaltauge so ausgerichtet ist, dass die Schaltröllchen des Schaltkäfigs mit den Ritzeln der Kassette über den gesamten Schaltweg in einer Flucht stehen. Verbogene Schaltaugen sollte man entweder durch neue ersetzen oder mithilfe einer Richtlehre (z. B. Park Tool DAG-1) ausrichten. Das Ausrichten muss mit viel Gefühl passieren, ansonsten besteht die Gefahr, dass das Schaltauge bricht. Bei Campagnolo-Schaltwerken ist es normal, dass das untere Schaltröllchen nicht in einer Flucht mit dem oberen Schaltröllchen steht.
Weitere mögliche Fehlerquellen für schlechte Schaltfunktion können geknickte Außenhüllen, Schmutz und Korrosion am Zug oder aufgesplisste Schaltzüge sein.

Shimano-Schaltwerk

Hier werden die grundlegenden Schritte gezeigt, um einen perfekten Gangwechsel an einem mechanischen Shimano-Schaltwerk zu gewährleisten.

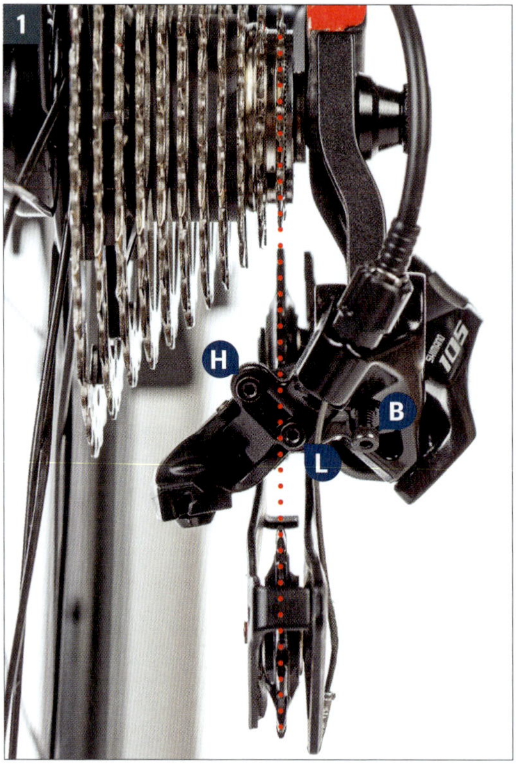

1 Anschlag kleinstes Ritzel
Stellen Sie mit der oberen Anschlagschraube „H" den Anschlag auf dem kleinsten Ritzel so ein, dass bei ausgehängtem Schaltzug der Schaltkäfig genau unter dem kleinsten Ritzel steht. So kann später die Kette nicht zwischen Ritzel und Rahmen fallen.

2 Anschlag größtes Ritzel
Drücken Sie dann das Schaltwerk mit der Hand ganz nach oben in Richtung größtes Ritzel, und stellen Sie mit der unteren Anschlagschraube „L" den Anschlag auf dem größten Ritzel ein, sodass die später montierte Kette nicht zwischen Ritzel und Speichen fallen kann. Bei nicht montierter Kette sollten die Ritzel und die Schaltröllchen nun genau in einer Flucht stehen. Ist dies nicht der Fall, muss das Schaltauge ggf. noch ausgerichtet werden.

3

3 Einstellschraube

Drehen Sie vor dem Klemmen des Schaltzugs die Zugspannungseinstellschraube, ausgehend von der ganz eingeschraubten Position, ca. eine Umdrehung gegen den Uhrzeigersinn heraus.

4 Schaltzug klemmen

Bei ganz entspanntem Schaltzug (kleiner Schalthebel rechts) wird nun der Schaltzug am Schaltwerk geklemmt. Jetzt kann man den Zug durch mehrfaches Schalten noch recken und setzen, wodurch ggf. ein Nachstraffen notwendig ist. Der Schaltzug sollte gespannt sein, damit die Betätigung des rechten großen Schalthebels eine direkte Bewegung des Schaltwerks vom kleinsten Ritzel auslöst.

5 Zugführung o. k.?

Achten Sie darauf, dass der Zug sauber durch die Nut läuft.

4

5

6 Anschlag unten
In der entspannten Schaltposition sollte der Parallelogrammkörper auf jeden Fall die untere Anschlagschraube berühren. Jetzt die Kette montieren. Anleitung dazu ab Seite 94.

7 Umschlingungswinkel
Den Umschlingungswinkel zwischen Kette und größtem Ritzel mit der Einstellschraube „B" nun so knapp wie möglich und so weit wie nötig einstellen. Wenn sich die Kette zwischen oberem Schaltröllchen und größtem Ritzel klemmt, die Einstellschraube so weit einschrauben, bis die Kette frei läuft.

8 Zugspannung justieren
Jetzt auf das drittkleinste Ritzel schalten (großer Schalthebel rechts). Über die Zugspannungseinstellschraube das Schaltwerk nun so einstellen, dass der Schaltkäfig und die Kette mittig unterhalb des dritten Ritzels in einer Flucht stehen. Danach alle Gänge auf sauberen Gangwechsel prüfen.

9 Check Anschlagschrauben
Zuletzt noch einmal gründlich die Anschlagschrauben „H" und „L" überprüfen. Mit der Hand das Schaltwerk in Richtung Innen- und Außenseite drücken, um zu überprüfen, ob die Kette nicht über das größte Ritzel hinaus oder unter das kleinste Ritzel hinunter geworfen wird. Wenn die Kette Gefahr läuft, über das größte Ritzel hinaus oder unter das kleinste Ritzel hinunter zu fallen, die Anschlagschrauben noch etwas weiter im Uhrzeigersinn einschrauben. Falls die Kette nur schwer auf das größte Ritzel klettert oder nur verzögert auf das kleinste Ritzel fällt, die Anschlagschrauben vorsichtig in Viertelumdrehungsschritten gegen den Uhrzeigersinn herausschrauben, bis die Gänge einwandfrei in die Endposition schalten.

10 Schaltperformance optimieren
Falls alle Gänge insgesamt nach oben verzögert schalten, die Zugeinstellschraube vorsichtig in Viertelumdrehungen gegen den Uhrzeigersinn herausschrauben, bis die Gänge schnell und ohne in der Endposition Schleifgeräusche zu verursachen hochschalten. Falls alle Gänge insgesamt nach unten verzögert schalten, die Zugeinstellschraube vorsichtig in Viertelumdrehungen im Uhrzeigersinn hineinschrauben, bis die Gänge schnell und ohne in der Endposition Schleifgeräusche zu verursachen herunterschalten.

Shimano-Umwerfer

Wir zeigen die Montage und Einstellung des Shimano-Umwerfers an einen sogenannten Anlötsockel. An manchen Rahmen müssen die Umwerfer mit einer Schelle montiert werden. Die Arbeitsschritte entsprechen sich aber sinngemäß.

1 + 2 Umwerferhöhe
Justieren Sie zunächst den Umwerfer bei gelockerter Befestigungsschraube so, dass zwischen den Spitzen der Zähne des großen Kettenblatts und der Unterkante des äußeren Leitblechs noch 1–3 mm Platz bleiben.
Ein 2-mm-Inbusschlüssel hilft dabei als Maßstab. Fixieren Sie den Umwerfer dann leicht mit der Befestigungsschraube. Richten Sie den Umwerfer winklig so aus, dass das hintere Ende der Leitbleche noch leicht nach innen zum Rahmen zeigt.

Vorbereitung zur Umwerfermontage
Kontrollieren Sie, ob das kleine selbstklebende Metallplättchen am Rahmen so angebracht ist, dass die Abstützschraube „A“ sich darauf abstützen kann. Falls noch kein solches Plättchen am Rahmen klebt, bringen Sie es jetzt an, sodass sich die Abstützschraube „A“ in der Mitte des Plättchens abstützt.

Halten Sie den Umwerfer an den Umwerfersockel. Falls das äußere Leitblech noch nicht direkt über den Zähnen des großen Kettenblatts steht, justieren Sie es mithilfe der Schraube „L“ in die gewünschte Position .

3 **Befestigungsschraube festziehen**
Ziehen Sie nun die Befestigungsschraube mit 5 Nm an.

4 **Umwerfer parallel ausrichten**
Richten Sie dann durch Eindrehen der Abstützschraube „A“ das äußere Leitblech parallel zum großen Kettenblatt aus.

5 Schaltzug klemmen
Schalten Sie jetzt am linken, kleinen Schalthebel „K" in die Position „1", in welcher der Zug ganz entspannt ist. Die Einstellschraube „X" für die Zugspannung, die neben der Klemmschraube liegt, muss fast ganz herausgeschraubt werden. Ziehen Sie dann den Schaltinnenzug durch die Führung, und klemmen Sie diesen mit etwas Zugspannung in der vorgegebenen Einkerbung unter der Klemmschraube.

6 Übereinstimmen der Markierung
Im nächsten Schritt stellen Sie die richtige Zugspannung des Schaltzugs ein. Schalten Sie hierzu mit den Schalthebeln „G" und „K" in die äußere Trimmposition „3", einen halben Schaltschritt unterhalb der ganz äußeren Schaltposition. Bringen Sie jetzt durch Eindrehen der Zugspannungsschraube „X" die beiden Markierungen an der Umwerferrückseite übereinander. Dann wird die Kette montiert, wie ab Seite 94 beschrieben.

7 Abstand Leitblech groß-groß
Für die korrekte Einstellung des Umwerfers in der äußeren Position (großes Kettenblatt) müssen Sie zunächst die Kette auf das größte Ritzel der Kassette schalten. Vorn bleibt der Umwefer auf der äußeren Trimmposition „3".
Mit der Einstellschraube „H" stellen Sie dann den Abstand zwischen innerem Leitblech und Kette auf ca. 0,5 mm ein.

Schalt- und Trimmpositionen
Mechanische Shimano-Schaltsysteme sehen für den vorderen Umwerfer nicht nur zwei Positionen vor, sondern bieten zusätzlich noch zwei Trimmpositionen an. Diese Trimmpositionen dienen dazu, das Reiben der Kette am Umwerferblech zu vermeiden, auch wenn sehr schräg laufende Kettenlinien gefahren werden, also großes Kettenblatt vorn, größtes Ritzel hinten oder kleines Kettenblatt vorn, kleinstes Ritzel hinten. Um in diese Trimmpositionen zu gelangen, besitzen die linken Schalthebel insgesamt vier Positionen:

1 innere Position auf dem kleinen Kettenblatt
2 innere Trimmposition auf dem kleinen Kettenblatt
3 äußere Trimmposition auf dem großen Kettenblatt
4 äußere Position auf dem großen Kettenblatt

Zwischen der inneren Position und der inneren Trimmposition sowie zwischen der äußeren Position und der äußeren Trimmposition liegen jeweils nur ca. 1,5 mm Umwerferbewegung. Die reicht aber aus, um die Kette berührungsfrei durch die Leitbleche laufen zu lassen. Sie gelangen in die äußere Trimmposition, indem Sie von der äußeren Position durch nur leichtes Antippen (statt vollem Durchdrücken) des kleinen Schalthebels „K" nach unten schalten. In die untere Trimmposition gelangen Sie, indem Sie den großen Schalthebel „G" (auch Bremshebel) nur leicht bis zum ersten Klick nach innen schwenken, anstatt ihn voll durchzudrücken.
Die Trimmpositionen dienen auch gut zur Überprüfung, ob die Zugspannung des Schaltzugs richtig eingestellt ist. Bewegt sich bei der Anwahl der Trimmpositionen der Umwerfer gar nicht oder weniger als 1,5 mm nach innen oder außen, ist die Zugspannung zu hoch oder zu niedrig und muss mit der Zugspannungseinstellschraube justiert werden (siehe Foto 6).

8 Abstand Leitblech klein-groß
Zum Einstellen der inneren Position des Umwerfers müssen Sie mit dem kleinen linken Schalthebel „K" auf die innere Schaltposition „1" schalten. Die Kette bleibt hinten auf dem größten Ritzel. Mit der Einstellschraube „L" stellen Sie dann den Abstand zwischen der Kunststoffverkleidung des inneren Leitblechs und der Kette auf ca. 0,5 mm ein.

SRAM-Schaltwerk

Achten Sie bei der Montage des SRAM-Schaltwerks besonders auf die Zugführung über die Finne und die Klemmschraube.

1 Anschlag kleinstes Ritzel
Stellen Sie das Schaltwerk mit der Anschlagschraube „H" so ein, dass das obere Schalträdchen direkt unter der äußeren Kante des kleinsten Ritzels steht.

2 Anschlag größtes Ritzel
Drücken Sie dann das Schaltwerk mit der Hand ganz nach oben in Richtung größtes Ritzel, und stellen Sie mit der oberen Anschlagschraube „L" den Anschlag auf dem größten Ritzel so ein, dass das obere Schaltröllchen mittig in einer Flucht mit dem größten Ritzel steht.

Beschreibung der Schrauben

Schraube „L" begrenzt Anschlag auf größtem Ritzel (2,5 mm Innensechskant).

Schraube „H" begrenzt Anschlag auf kleinstem Ritzel (2,5 mm Innensechskant).

Schraube „B" justiert den Abstand zwischen Schaltröllchen und Ritzel (2,5 mm Innensechskant).

Rändelschraube „Z" stellt die Zugspannung des Schaltzuges ein.

3 Schaltzug klemmen

Schrauben Sie vor dem Klemmen des Schaltzugs die Zugspannungseinstellschraube, ausgehend von der ganz eingeschraubten Position, ca. 1,5–2 Umdrehungen heraus.
Bei ganz entspanntem Schaltzug (Schalthebel rechts) wird nun der Schaltzug am Schaltwerk mit 5 Nm geklemmt. Achtung: Zugführung genau beachten! Jetzt kann man den Zug noch recken und setzen und muss diesen ggf. noch einmal straffen. In der entspannten Schaltposition sollte der Parallelogrammkörper auf jeden Fall die untere Anschlagschraube „H" berühren.
Montieren Sie jetzt die Kette, wie ab Seite 94 beschrieben.

4 Abstand Schaltröllchen zum größten Ritzel einstellen

Stellen Sie den Abstand für den Umschlingungswinkel zwischen oberem Schaltröllchen und größtem Ritzel mit der Einstellschraube „B" nun so ein, dass der Abstand 6–8 mm beträgt.

5 Zugspannung justieren

Schalten Sie jetzt auf das drittkleinste Ritzel (großer Schalthebel rechts). Über die Zugspannungseinstellschraube „Z" das Schaltwerk nun so einstellen, dass der Schaltkäfig und die Kette mittig unterhalb des dritten Ritzels in einer Flucht stehen. Prüfen Sie zuletzt alle Gänge auf sauberen Gangwechsel.
Falls alle Gänge insgesamt nach oben verzögert schalten, die Zugeinstellschraube vorsichtig in Viertelumdrehungsschritten gegen den Uhrzeigersinn herausschrauben, bis die Gänge schnell hochschalten und dabei in der Endposition keine Schleifgeräusche verursachen. Falls alle Gänge insgesamt nach unten verzögert schalten, die Zugeinstellschraube vorsichtig in Viertelumdrehungsschritten im Uhrzeigersinn hineinschrauben, bis die Gänge schnell herunterschalten und dabei in der Endposition keine Schleifgeräusche verursachen.

SRAM-Umwerfer

Die Grundmontage des SRAM-YAW-Umwerfers muss ohne montierte Kette erfolgen, da man ansonsten die Referenzpunkte nicht präzise genug anpeilen kann.

1 Umwerfer in Einstellposition bringen

Zunächst muss der Umwerfer in die Einstellposition gebracht werden. Dabei wird dieser zunächst nur ungefähr positioniert und leicht fixiert. Schrauben Sie die innere Anschlagschraube so weit ein, dass die beiden Markierungen des Umwerfers ungefähr über den Spitzen der Zähne des großen Kettenblatts stehen. Die Markierungen befinden sich vorn an der Brücke und am hinteren Ende des Umwerfers.

2 Höhe justieren

Jetzt bei gelöster Befestigungsschraube die Höhe des Umwerfers so justieren, dass die Markierung auf dem inneren Leitblech sich, von der Seite aus betrachtet, mit den Spitzen der Zähne des großen Kettenblatts deckt. Ziehen Sie danach die Befestigungsschraube leicht an.

Inline-Adjuster

Damit die Möglichkeit besteht, den SRAM-Umwerfer feinjustieren zu können, muss ein Zugspannungsregler montiert sein. Er wird meist als „Inline-Adjuster" bezeichnet. Dieser sollte im Bereich der Schalthülle zwischen Lenker und Rahmen montiert sein. Ohne den Inline-Adjuster kann die Zugspannung sonst nur sehr schwer über die Kabelklemmung justiert werden.

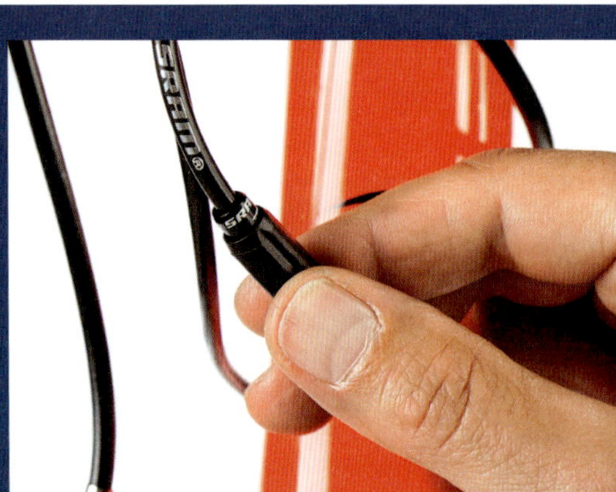

3 Winkel justieren

Dann den Umwerfer bei vorsichtig gelöster Befestigungsschraube präzise so ausrichten, dass die Markierungen oben auf dem Umwerfer, von oben betrachtet, mit den Spitzen der Zähne des großen Kettenblatts in einer Linie stehen.
Achtung: Die Höhe dabei nicht mehr verändern!
Dann die Befestigungsschraube mit 5–7 Nm anziehen.
Falls sich die Ausrichtung beim Anziehen der Schraube verziehen sollte, lösen Sie die Schraube wieder und wiederholen Sie das Festziehen aus leicht veränderter Position.
Jetzt wird die Kette montiert, wie ab Seite 94 beschrieben.

4 Abstand Leitblech klein-groß justieren

Nun die innere Anschlagschraube so weit zurückdrehen, bis die Kette vom großen auf das kleine Kettenblatt schaltet. In der Stellung „kleines Kettenblatt, größtes Ritzel" wird nun der untere Anschlag des Umwerfers eingestellt. Drehen Sie dazu die innere Einstellschraube so weit heraus, bis der Abstand zwischen Kette und innerem Leitblech ca. 0,5 mm beträgt.

5 Schaltzug klemmen
Der linke Schalthebel muss sich jetzt in der Schaltstellung für das kleine Kettenblatt befinden, damit der Zug ganz entspannt ist. Dann wird der Schaltzug exakt durch die Nut unter der Klemmschraube geführt. Die Klemmschraube wird mit 5 Nm angezogen.

6 Abstand Leitblech groß-klein justieren
In der Stellung „großes Kettenblatt, kleinstes Ritzel" wird nun der obere Anschlag des Umwerfers eingestellt. Dazu muss gleichzeitig der linke Schalthebel ganz nach innen gedrückt und gehalten werden. Nun die äußere Einstellschraube so weit herausdrehen, bis der Abstand zwischen Kette und äußerem Leitblech ca. 1 mm beträgt.

7 Zugspannung justieren

Jetzt muss noch die Zugspannung eingestellt werden. Schalten Sie dazu in die Stellung „kleines Kettenblatt, größtes Ritzel".
Drücken Sie den linken Schalthebel nach innen. Die Kette sollte jetzt, ohne länger zu rattern, auf das große Kettenblatt steigen. Wenn das nicht oder nur nach mehreren Kurbelumdrehungen stattfindet, muss die Zugspannung mit dem Inline-Adjuster leicht erhöht werden.
Falls die Betätigung des Hebels auf den letzten Millimetern Hebelweg sehr schwergängig wird, muss die Zugspannung am Inline-Adjuster wieder etwas reduziert werden.

8 Montage Kettenfänger

Die Montage des Kettenfängers am SRAM-YAW-Umwerfer wird dringend empfohlen. Dieser wird in die Befestigungsschraube des Umwerfers mit nur 1 Nm befestigt. Mit der Einstellschraube wird nun ein Abstand von 0,5 mm zwischen dem Arm des Kettenfängers und der Kette justiert. Die Kette liegt dabei auf dem kleinen Kettenblatt und dem größten Ritzel.

YAW-Technologie

YAW bezeichnet einen Schwenkwinkel. Der SRAM-Umwerferkäfig verschiebt sich nicht nur seitlich parallel, sondern beschreibt auch einen kleinen Bogen. In der Position über dem großen Kettenblatt steht der Umwerferkäfig parallel zu den Kettenblättern, über dem kleinen Kettenblatt weist der hintere Teil des Käfigs deutlich nach außen. Diese Winkelstellung erlaubt es, dass selbst bei schrägem Kettenlauf keine Trimmung des Umwerfers notwendig ist. Voraussetzung für die schleiffreie Funktion ist das penibel genaue Montieren und Justieren des Umwerfers und der Zugspannung. Dabei helfen die Markierungen für die Anbauhöhe und den Anbauwinkel sowie der Inline-Adjuster.

Campagnolo-Schaltwerk

Folgende Besonderheiten sind beim Einstellen von mechanischen Campagnolo-Schaltkomponenten zu beachten: Bei Campagnolo-12-fach-Schaltwerken ist das untere Schaltröllchen leicht nach außen versetzt.
Campagnolo-12-fach-Schlatkomponenten dürfen nur mit Campagnolo-„The maximum smoothness"-Schaltzügen und -Hüllen verwendet werden.

1 Anschlag kleinstes Ritzel
Nach der Montage sollte der Schaltkäfig unter dem kleinsten Ritzel stehen. Mit der oberen Anschlagschraube „B" wird der Anschlag auf dem untersten Ritzel so eingestellt, dass die Kette nicht zwischen Ritzel und Rahmen fallen kann.

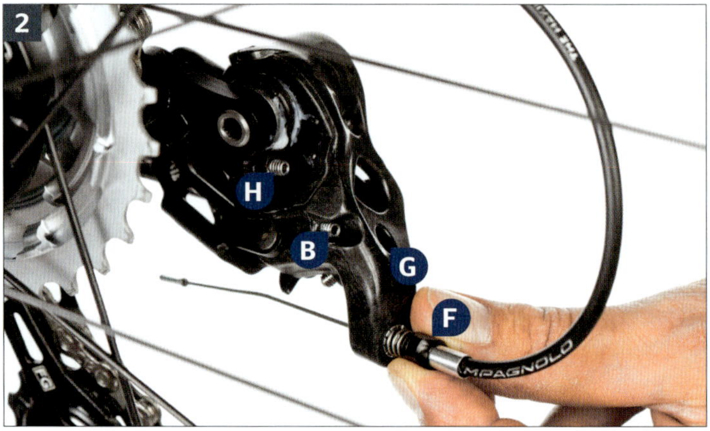

2 Einstellschraube leicht ausschrauben
Schrauben Sie vor dem Klemmen des Schaltzugs zuerst die Zugspannungseinstellschraube, ausgehend von der ganz eingeschraubten Position, ca. eine Umdrehung aus.

3 Schaltzug klemmen
Bei ganz entspanntem Schaltzug (kleiner Schalthebel rechts) wird der Schaltzug mit der Klemmschraube und mit 5 Nm Anzugsmoment geklemmt. Achten Sie auf die korrekte Zugführung durch die Nut am Klemmplättchen. Jetzt kann man den Zug durch mehrfaches Schalten noch recken und setzen und dann ggf. noch einmal straffen.

4 Anschlag größtes Ritzel
Schalten Sie dann auf das größte Ritzel, drücken Sie das Schaltwerk mit der Hand ganz nach oben, und stellen Sie gleichzeitig mit der unteren Anschlagschraube „G" den Anschlag auf dem größten Ritzel so ein, dass die Kette nicht zwischen Ritzel und Speichen fallen kann.

5 Abstand Schaltröllchen zum größten Ritzel einstellen
Stellen Sie mit der Einstellschraube „H" den Umschlingungswinkel ein, damit der Abstand zwischen oberem Schaltröllchen und größtem Ritzel etwa 10–12 mm beträgt. Sollte sich die Kette zwischen oberem Schaltröllchen und größtem Ritzel noch „klemmen", schrauben Sie die Einstellschraube „H" so weit ein, bis die Kette frei läuft.

6 Zugspannung justieren
Schalten Sie jetzt auf das fünftkleinste Ritzel. Über die Zugspannungseinstellschraube „F" das Schaltwerk nun so einstellen, dass oberes Schaltröllchen und Kette mit dem fünften Ritzel fluchten. Prüfen Sie jetzt, ob alle Gänge sauber nach oben und unten schalten.
Falls alle Gänge insgesamt nach oben verzögert schalten, die Zugeinstellschraube vorsichtig in Viertelumdrehungsschritten gegen den Uhrzeigersinn herausschrauben, bis die Gänge schnell und ohne in der Endposition Schleifgeräusche zu verursachen hochschalten.
Falls alle Gänge insgesamt nach unten verzögert schalten, die Zugeinstellschraube vorsichtig in Viertelumdrehungsschritten im Uhrzeigersinn hineinschrauben, bis die Gänge schnell und ohne in der Endposition Schleifgeräusche zu verursachen herunterschalten.

Campagnolo-Umwerfer

Hier wird die Montage des Umwerfers mit Schellenbefestigung beschrieben, sinngemäß funktioniert die Montage an einem Anlötsockel gleich. Die erste Einstellung des Campagnolo-Umwerfers sollte möglichst bei demontierter Kette stattfinden, da so die Parallelität und die Abstände präziser justiert werden können.

1 Höhe justieren
Positionieren Sie den Umwerfer zuerst so, dass das äußere Leitblech etwa 2–3 mm über den Spitzen der Zähne des großen Kettenblatts steht.

2 Winkel justieren
Richten Sie nun den Umwerfer mit noch loser Befestigungsschraube präzise parallel zum großen Kettenblatt aus. Das äußere Leitblech und das große Kettenblatt müssen nun in einer Flucht stehen. Verändern Sie dabei die Höhe des Umwerfers nicht.
Dann die Befestigungsschraube mit 5–7 Nm anziehen. Falls sich die Ausrichtung beim Anziehen der Schraube wieder verändern sollte, einfach den Vorgang wiederholen.

3 Abstand Leitblech klein-groß
Jetzt wird die Kette, wie in Kapitel 5 gezeigt, montiert.
Stellen Sie dann in der Stellung „kleines Kettenblatt, größtes Ritzel" den unteren Anschlag des Umwerfers ein. Justieren Sie dazu die innere Einstellschraube so, dass der Abstand zwischen Kette und innerem Leitblech ca. 0,5 mm beträgt.

Microrasterung
Campagnolo hat in den linken Schalthebeln eine Microrasterung mit insgesamt fünf Positionen, wodurch eine ideale Stellung des Umwerfers zur Kette geschaltet werden kann.

4 Schaltzug klemmen
Der linke Schalthebel muss jetzt in der Schaltstellung für das kleine Kettenblatt sein, damit der Zug ganz entspannt ist. Führen Sie dann den Zug exakt durch die Nut unter der Klemmschraube, und klemmen Sie den Schaltzug mit 5 Nm. Achten Sie dabei auch darauf, dass sich der Dorn der Klemmscheibe in der Nut am Umwerferschwenkarm befindet.

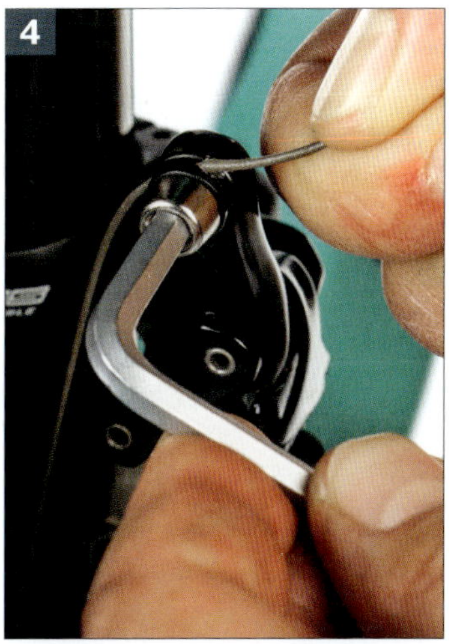

5 Abstand Leitblech groß-klein
Stellen Sie den oberen Anschlag des Umwerfers in der Schaltposition „großes Kettenblatt, kleinstes Ritzel" ein. Halten Sie dazu den linken Schalthebel ganz nach innen gedrückt, und drehen Sie die äußere Einstellschraube „H" so weit heraus, bis der Abstand zwischen Kette und äußerem Leitblech etwa 0,5–1 mm beträgt.

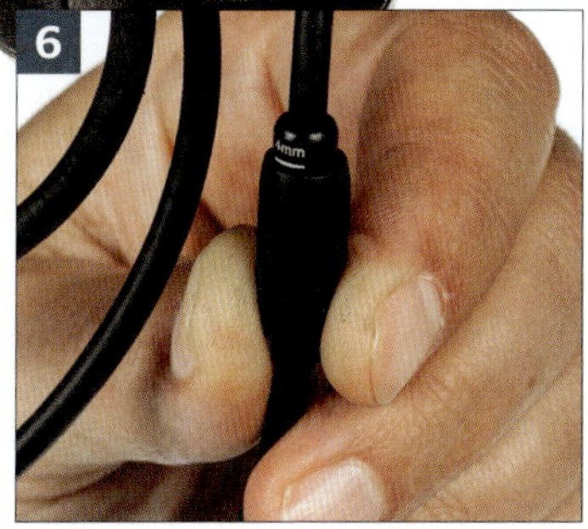

6 Zugspannung justieren
Nun muss noch die Zugspannung eingestellt werden. Schalten Sie in die Position „kleines Kettenblatt, größtes Ritzel". Betätigen Sie dann den Schalthebel, und drücken Sie ihn nach innen. Die Kette sollte jetzt, ohne länger zu rattern, auf das große Kettenblatt steigen. Wenn dies nicht oder nur nach mehreren Kurbelumdrehungen stattfindet, muss die Zugspannung am Spannungsregler noch etwas erhöht werden. Falls die Betätigung des Hebels auf den letzten Millimetern Hebelweg sehr schwergängig wird, muss die Zugspannung am Inline-Adjuster wieder etwas reduziert werden.

Montage mit Campagnolo-Einstelllehre
Schritt 2 kann auch mit der speziellen Campagnolo-Einstellhilfe UT-FD120 durchgeführt werden. Auch hier wird zuerst der Umwerfer so positioniert, dass das äußere Leitblech ungefähr 2–3 mm über den Spitzen der Zähne des großen Kettenblatts steht und das äußere Leitblech parallel zum Kettenblatt.
Dann wird die der richtigen Zähnezahl entsprechende Einstellhilfe UT-FD120 auf die Spitzen der Zähne des großen Kettenblatts aufgesetzt. Durch vorsichtiges Rückwärtsdrehen der Kurbeln schiebt man bei gelöster Befestigungsschraube die Einstellhilfe nun unter das äußere Leitblech des Umwerfers und setzt diesen direkt oben auf die Einstelllehre. Richten Sie jetzt das äußere Leitblech ganz parallel zu der weißen Markierung auf der Einstelllehre aus, und ziehen Sie dann die Befestigungsschraube mit 5–7 Nm an. Zum Entfernen der Einstellhilfe einfach die Kurbel nach vorn drehen.

Schaltzüge tauschen

Leichtgängige Schaltzüge sind für die Schaltperformance extrem wichtig. Knicke, Schmutz und Spliss verschlechtern die Gleitfähigkeit der Züge in den Hüllen und Hebeln. Deshalb sollten die Züge regelmäßig ersetzt werden. Überlegen Sie vorher bei im Rahmen verlegten Zügen, wie Sie mit dünnen Hilfshüllen (Linern) eine Hilfe schaffen, die Züge unkompliziert wieder einfädeln zu können.

1 Klemmschraube lösen
Lösen Sie die Klemmschraube des Schaltzugs am Schaltwerk, und entfernen Sie den Zug aus der Führung.

2 Zugende abschneiden
Schneiden Sie nun das geknickte und gequetschte Ende des Schaltzugs ab.

3 Außenhülle entfernen
Ziehen Sie nun das Stück der Schaltzugaußenhülle, das sich zwischen Rahmen und Schaltwerk befindet, über das Schaltzugende. Sollte an Ihrem Rad eine komplett durch den Rahmen verlegte Außenhülle verwendet werden, überspringen Sie die nächsten Punkte, und setzen Sie den Schaltzugwechsel bei Bild 10 fort.

4 Zugumlenkung öffnen
Öffnen Sie dann die Zugumlenkung unter dem Tretlager, sodass Sie direkt Zugriff auf den Schaltzug haben. Ziehen Sie den Schaltzug noch nicht heraus.

5 Ersten Liner einziehen
Fädeln Sie einen Liner so weit wie möglich über das Schaltzugende, und schieben Sie ihn durch die Kettenstrebe in Richtung Tretlager, bis er dort zutage tritt.

6 Liner fixieren
Der Liner wird jetzt mit Tape am Rahmen fixiert, damit er nicht in den Rahmen hineingezogen werden kann.

7 Zweiten Liner auffädeln
Fädeln Sie nun einen zweiten Liner so weit wie möglich über das Schaltzugende. Achten Sie darauf, dass er lang genug ist und an beiden Enden weit genug aus dem Rahmen herausragt.

8 Liner einziehen
Schieben Sie den Liner durch das Unterrohr, und führen Sie ihn mit dem Schaltzug, bis er am oberen Anschlag des Rahmens einige Zentimeter herausragt.

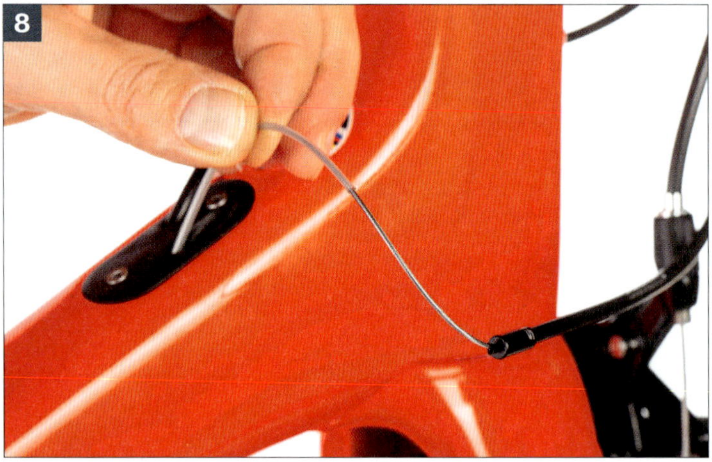

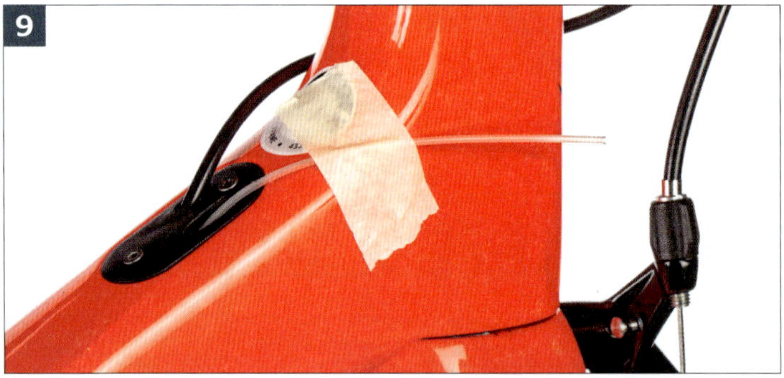

9 Liner fixieren
Fixieren Sie auch diesen Liner mit Tape am Rahmen, damit er nicht in den Rahmen rutschen kann.

10 Zugnippel herausdrücken
Schalten Sie jetzt in die entspannte Position des Schalthebels, und stülpen Sie den Griffgummi des Bremsschaltgriffs nach oben. Schieben Sie den Schaltzug so durch die Zugaußenhülle, dass der Zugnippel aus der Zugaufnahme im Griff heraustritt. Greifen Sie dann den Zug, und ziehen Sie ihn ganz heraus.

11 Neuen Zug einfädeln
Fädeln Sie nun einen neuen Schaltzug durch die Aufnahme des Schaltgriffs. Verwenden Sie nur neue Züge mit verlötetem Zugende. Das Einfädeln von bereits gekürzten Zügen ist extrem schwierig. Achten Sie auf perfekten Sitz des Zugnippels in der Zugaufnahme.

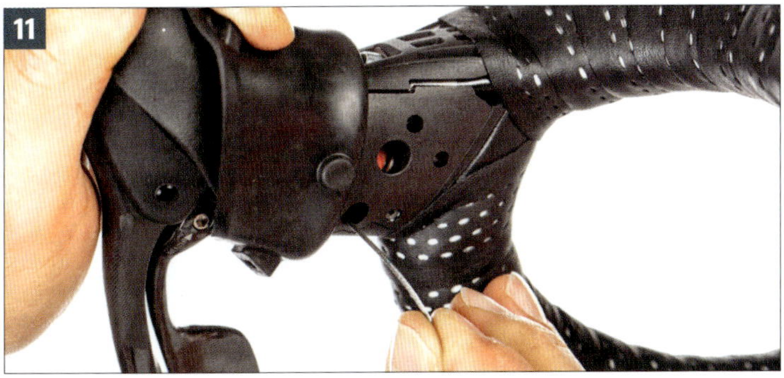

12 Zug durch Oberrohr
Fädeln Sie den Zug wieder in den Liner am oberen Rahmenanschlag. Schieben Sie ihn durch den Liner, bis er an der Umlenkung am Tretlager wieder hervorkommt. Ziehen Sie jetzt den Liner nach unten vom Schaltzug ab, und fädeln Sie den Zug dann durch die Umlenkung.

13 Zug durch Kettenstrebe
Fädeln Sie anschließend den Zug wieder in den Liner an der Kettenstrebe. Schieben Sie ihn durch den Liner, bis er am Ende der Kettenstrebe wieder herauskommt. Ziehen Sie den Liner dann nach hinten wieder aus der Strebe.

14 Umlenkung befestigen
Bringen Sie die Zugumlenkung wieder in die ursprüngliche Position. Wenn beide Schaltzüge durch ein Bauteil verlaufen, müssen Sie darauf achten, dass Sie die Führung dabei nicht verdrehen. Die Umlenkung muss satt sitzen oder einrasten, damit bei der Zugbetätigung keine Verformung der Umlenkung stattfindet.

15 Außenhülle anbringen
Fädeln Sie das Stück der Schaltzugaußenhülle wieder über den Innenzug. Achten Sie dabei darauf, dass die Enden der Hülle satt in den Aufnahmen anschlagen.

16 Schaltzug klemmen
Klemmen Sie den neuen Schaltzug wieder am Schaltwerk. Achten Sie dabei auf die korrekte Zugführung. Stellen Sie dann das Schaltwerk wieder ein, wie in Kapitel 3 beschrieben.

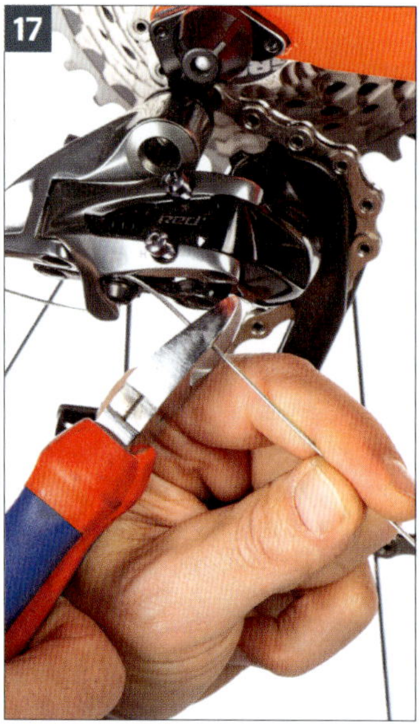

17 Schaltzug kürzen
Schneiden Sie den Schaltzug mit einem scharfen Seitenschneider ca. 20–30 mm hinter der Klemmung ab.

18 Endkappe anbringen
Schützen Sie das Ende des Schaltzugs mit einer Zugendkappe vor dem Aufspleißen. Quetschen Sie dazu die Endkappe mit zwei oder drei Quetschkerben vorsichtig auf den Zug.

Schaltzug einführen

Besonderheiten Shimano-Schaltzug
Achten Sie beim Einfädeln des Schaltzugs am Bremsschaltgriff besonders auf den richtigen Sitz des Nippels in der geschlitzten Aufnahme. Verwenden Sie eventuell einen kleinen Schraubendreher oder eine Zange, um den Nippel in seine Position zu leiten. Der Zug muss dann in die schmale Tülle der Endkappe weitergeleitet werden. Achtung: Während der Griffgummi hochgeklappt ist, kann nicht heruntergeschaltet werden, da die Rastermechanik des Schalthebels dabei blockiert ist.

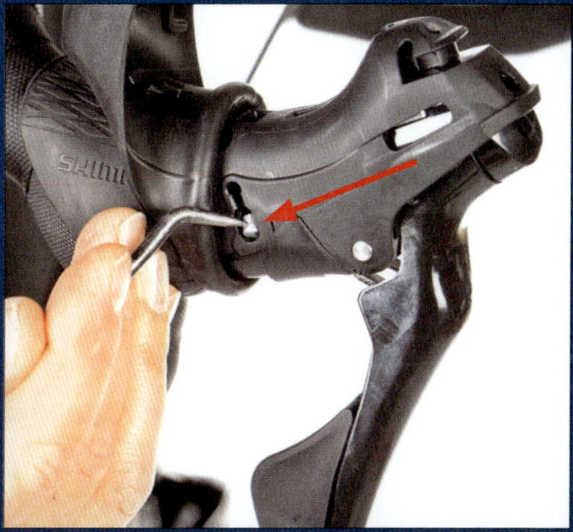

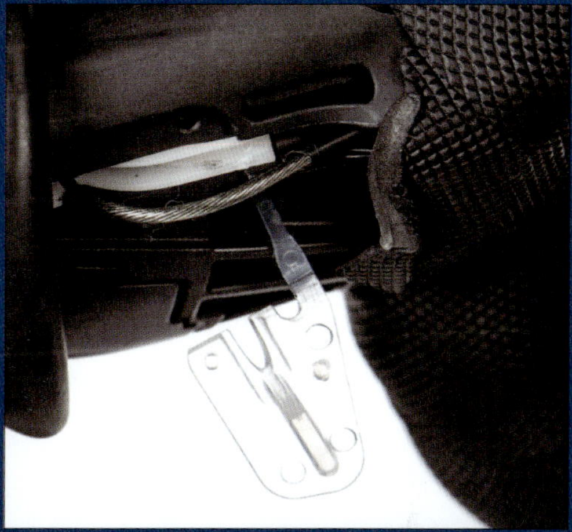

Besonderheiten Campagnolo-Schaltzug
Bei Campagnolo-Bremsschalthebeln befindet sich die Öffnung zum Zugeinfädeln am Umgriff unten.

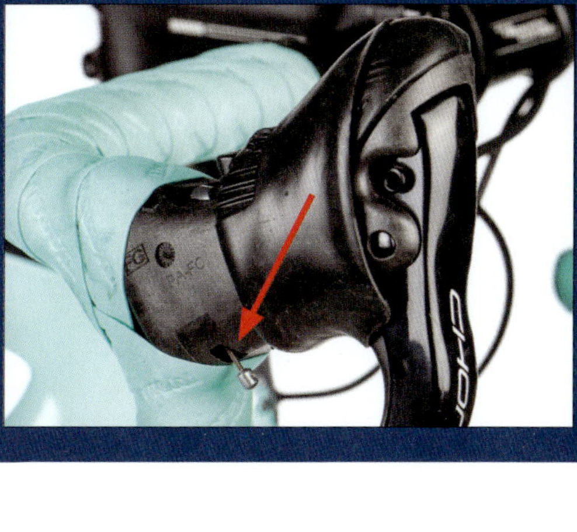

Besonderheiten SRAM-Schaltzug
Bei SRAM-Bremsschalthebeln befindet sich die Öffnung zum Zugeinfädeln seitlich am Umgriff. Bei SRAM sollten nur neue, an der Spitze verlötete Züge verwendet werden.

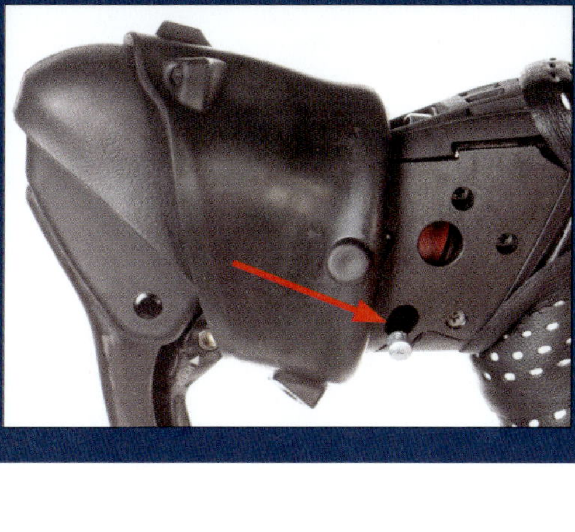

Zughüllen tauschen

Auch Schaltzughüllen sollten gegen neue ausgetauscht werden, wenn sie verschmutzt, geknickt oder aufgescheuert sind. Sie können im Normalfall die Längen der alten Hüllen übernehmen. Merken Sie sich auch genau, an welcher Stelle welche Endkappen verwendet werden müssen.

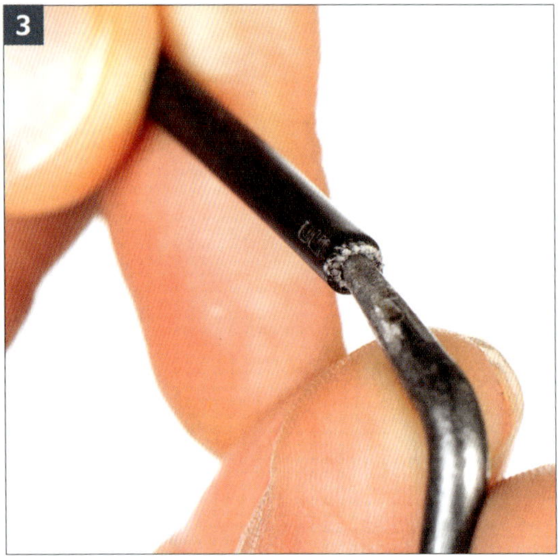

1 Alte Hülle abziehen
Ziehen Sie die alte Schaltzughülle aus dem Bremsschaltgriff und vom Zug ab.

2 Neue Schaltzughülle ablängen
Längen Sie die neue Schaltzughülle mit einem scharfen Seitenschneider genau auf die Länge der alten Hülle ab.

3 Schaltzughülle öffnen
Oft wird die innere Teflonhülle der Schaltzughülle beim Abschneiden gequetscht, sodass das Einfädeln des Schaltzugs schwierig ist. Stechen Sie deshalb mit einem spitzen Gegenstand in die innere Hülle, und weiten Sie die Öffnung so auf, dass der Zug gut durchlaufen kann.

4 Endkappen aufsetzen
Stecken Sie dann die Endkappen auf die Hüllenenden, an denen sie benötigt werden. Achten Sie darauf, dass sie ganz auf der Hülle sitzen.

5 Zug in neue Hüllen fädeln
Fädeln Sie dann den Zug wieder durch die neuen Schaltzughüllen, und fahren Sie mit der Zugverlegung fort, wie ab Seite 67 beschrieben.

Bremszüge tauschen

Der Tausch von Bremsinnenzügen und -außenhüllen folgt sinngemäß dem gleichen Prinzip wie der Tausch der Züge und Hüllen am Schaltzug. Meist ist die Verlegung der Hüllen sogar einfacher. Der Zug wird bei den allermeisten Systemen von vorn eingeschoben. Um Zugang zum Nippelsitz zu haben, muss der Bremshebel gezogen werden. Achten Sie auch hier darauf, dass der Nippel satt in der dafür vorgesehenen Aufnahme sitzt.

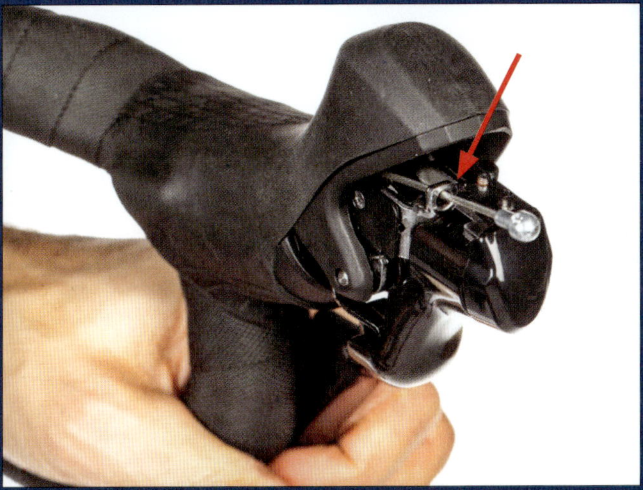

4 Elektronische Schaltungen

Auf Knopfdruck

Elektronische Schaltsysteme werden immer häufiger an Rennrädern verwendet. Waren sie anfangs noch fast ausschließlich an Highend-Rennern montiert, setzen sie ihren Siegeszug mittlerweile auch weit in den Mittelklassebereich fort.

Elektronische Schaltungen werden teilweise schon kabellos angesteuert. Kleine Stellmotoren führen die Schaltbefehle präzise aus.

Die Nutzer elektronischer Schaltungen schätzen vor allem den Bedienkomfort der Schaltung. Aber auch die Unabhängigkeit von geschmierten Schaltzügen und optimaler Zugverlegung spricht für elektronisch angesteuerte Schaltungen. Dies ist insbesondere bei aerodynamisch optimierten Rennrädern und Triathlon-Rädern ein Plus. Hier kann der Gangwechsel durch Parallelschaltung mehrerer Schalttaster sogar von ganz verschiedenen Lenkerpositionen aus betätigt werden.

Bei elektronischen Schaltsystemen übernimmt ein kleiner Stellmotor die Rolle des Schaltzugs und positioniert das Schaltwerk und den Umwerfer präzise unter den Ritzeln der Kassette bzw. zu den Kettenblättern. Selbst die Trimmung der Schaltung, also das Nachkorrigieren des Umwerfers je nach aktueller Kettenlinie, übernehmen elektronische Schaltsysteme selbstständig.

Shimano und Campagnolo verbinden die ausführenden Komponenten Schaltwerk und Umwerfer über dünne Kabel mit den Befehlsgebern Schalthebel sowie einem zentralen Akku als Energiequelle. SRAM funkt die Schaltbefehle der Kommandozentrale drahtlos an Schaltwerk und Umwerfer, jedes Element besitzt einen eigenen kleinen Akku oder eine Batterie.

Die durchschnittliche Reichweite eines geladenen Schaltsystems beträgt meist weit über 1.000 km und ist durch diverse Alarmfunktionen vor überraschendem Energiemangel weitgehend sicher, dennoch sollte man sich eine gewisse Routine beim Überwachen des Energiemanagements angewöhnen, um von einem ärgerlichen Ausfall der

Schaltung verschont zu bleiben.Die Grundeinstellung der Schaltung wird über eine genau festgelegte Abfolge von Justierschritten im Einstellmodus vorgenommen, bei denen man die Schaltelemente exakt zu den Ritzeln und der Kette positionieren kann.

Das Einstellen der elektronischen Schaltkomponenten ist ein Zusammenspiel der elektronischen Steuerung mit den ausführenden mechanischen Schaltkomponenten. Insgesamt ist der Vorgang aber nicht komplizierter als das Setup eines Mobiltelefons. Besonders zu beachten ist die genaue Abfolge der Einstellschritte sowie die Ausgangspositionen der Schaltstellung. Wer besondere Ansprüche an die Schaltlogik hat oder eine ganz individuelle Belegung der Schalttastenfunktion realisieren möchte, dem bieten die Hersteller-Apps nahezu unbegrenzte Realisierungsmöglichkeiten.

Nicht zu vernachlässigen sind auch bei elektronischen Schaltsystemen die mechanischen Voraussetzungen. So kann auch ein elektronisches System nur dann optimal funktionieren, wenn Schaltwerk und Umwerfer präzise ausgerichtet und justiert sind und die Leichtgängigkeit der Komponenten nicht durch Schmutz oder mechanische Blockaden beeinträchtigt wird. Um Missverständnisse zu vermeiden, haben wir die Beschreibung der Bauteile, die Arbeitsschritte und die Bezeichnungen größtenteils aus den Handbüchern der Hersteller übernommen.

Fehlerquellen

Häufigste Ursache für ein Nichtfunktionieren von elektronischen Schaltsystemen ist ein leerer Akku. Dies kann z. B. auch durch versehentliche Dauerbetätigung eines Schalthebels beim Anlehnen des Rades oder beim Transport passieren.

Gleich dahinter rangiert die Beschädigung eines Kabels. Die Kabel von Shimano und Campagnolo haben einen sehr kleinen Querschnitt und sind deshalb gegenüber scharfen Kanten, Quetschungen oder starker Zugbelastung auf dem Kabel sehr empfindlich. Auch müssen die Steckverbindungen fest und sicher einrasten, um die Datenübertragung einwandfrei zu gewährleisten. Und wie bei mechanischen Schaltungen muss die Anbauumgebung optimal sein: Das Schaltauge darf nicht verbogen, der Umwerfer muss winklig richtig ausgerichtet und stabil am Rahmen abgestützt sein.

Protection Mode

Shimano-Schaltwerke besitzen einen sogenannten RD Protection Mode. Wenn das System einen Sturz oder eine ungewöhnliche Stoßbelastung feststellt, entkuppelt sich der Stellmotor des Schaltwerks von der Mechanik. Man kann dann nicht mehr schalten. Um die normale Schaltfunktion wieder herzustellen, muss die Taste an der Steuerung für ca. fünf Sekunden gedrückt bleiben. Während des Drückens leuchtet zuerst die rote LED dauerhaft auf und fängt dann an zu blinken. Beginnen Sie dann die Kurbel zu drehen. Das Schaltwerk führt einen Schaltvorgang aus und kehrt danach automatisch wieder in den Normalmodus zurück. Falls diese Vorgehensweise nicht hilft, die normale Funktion wieder herzustellen, müssen Sie sich an Ihren Fachhändler wenden.

Shimano-Schaltwerk

Beachten Sie, dass Shimano-Di2-Schaltwerke nur eingestellt werden können, wenn die Kette vorn auf dem großen Kettenblatt liegt, da sich sonst die Kette am Schaltwerk nicht auf die beiden kleinsten Ritzel herunterschalten lässt.

1 Umschlingungswinkel
Beginnen Sie mit dem Einstellen des Abstands des oberen Leitröllchens zum größten Ritzel. Schalten Sie dazu auf das größte Ritzel. Stellen Sie mit der silbernen Schraube „B" (siehe Bild 4) den Abstand zwischen oberem Leitröllchen und größtem Ritzel so nah ein, dass die Kette gerade nicht geklemmt wird. Testen Sie diesen Abstand dann auf dem kleinsten Ritzel. Vergrößern Sie den Abstand, falls die Kette auf dem kleinsten Ritzel klemmt. Vergrößern Sie den Abstand auch, falls die Kette auf dem kleinsten Ritzel nicht genügend Spannung hat und durchhängt.

2 Fünftgrößtes Ritzel
Schalten Sie danach auf das fünftgrößte Ritzel. Das ist die Ausgangsposition für die folgenden Justierschritte.

Durch Drücken der Schalttaster am rechten Schalthebel kann das Schaltwerk im Einstellmodus feinjustiert werden. Drückt man Taste „X", bewegt sich das Schaltwerk ca. 0,1 mm nach innen, drückt man Taste „Y", bewegt sich das Schaltwerk ca. 0,1 mm nach außen. Das Schaltwerk lässt sich aus der ursprünglichen Stellung jeweils 16 Stufen nach innen und außen stellen.

3 Einstellmodus
Drücken Sie dann die Taste an der Steuerungseinheit so lange, bis die linke LED an der Steuerungseinheit rot leuchtet. Das Schaltwerk ist jetzt im Einstellmodus.

4 Justieren des Schaltwerks
Kurbeln Sie jetzt an der Tretkurbel gleichmäßig nach vorn, und betätigen Sie den Taster „X" des rechten Schalthebels so oft, bis die Kette anfängt, mit einem Schleifgeräusch am nächstgrößeren Ritzel zu streifen. Betätigen Sie dann den Taster „Y" viermal, um das Schaltwerk in die richtige Position zu stellen.
Das obere Schaltröllchen sollte jetzt genau mittig unter dem fünftgrößten Ritzel stehen.
Drücken Sie jetzt erneut die Taste an der Steuerungseinheit so lange, bis die rote LED erlischt. Jetzt können Sie die korrekte Funktion aller Gänge überprüfen.

5 Anschlagschraube „L"
Schalten Sie jetzt auf das größte Ritzel. Drehen Sie die untere Anschlagschraube „L" vorsichtig so weit ein, dass ein leichter Kontakt zwischen Schraube und Gelenkanschlag besteht.

6 Anschlagschraube „H"
Schalten Sie auf das kleinste Ritzel. Drehen Sie jetzt die obere Anschlagschraube „H" vorsichtig so weit ein, dass ein leichter Kontakt zwischen Schraube und Gelenkanschlag besteht. Drehen Sie dann die Schraube ca. eine Umdrehung gegen den Uhrzeigersinn heraus, womit Sie ein gewisses Überlaufen gewährleisten. Prüfen Sie jetzt erneut die korrekte Funktion aller Gänge.

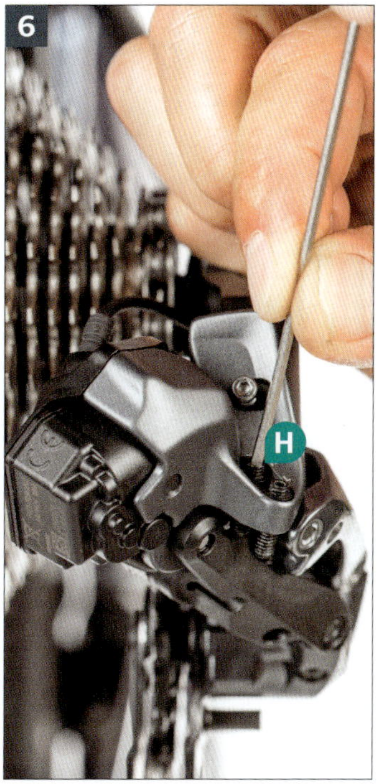

Shimano Umwerfer

Hier zeigen wir Ihnen die grundlegenden Schritte, wie Sie einen perfekten Gangwechsel an einem elektronischen Shimano-Umwerfer erreichen.

1

Rahmenschutz-Plättchen
Achten Sie darauf, dass am Kontaktpunkt der Abstützschraube ein Metallplättchen angebracht ist, damit der Rahmen von der Schraube nicht beschädigt wird.

2

1 Höheneinstellung
Justieren Sie den Umwerfer bei offener Befestigungsschraube so, dass zwischen den Spitzen der Zähne des großen Kettenblatts und der Unterkante des äußeren Leitblechs 1–3 mm Abstand sind. Ein 2-mm-Inbusschlüssel hilft dabei als Abstandslehre. Richten Sie den Umwerfer winklig so aus, dass das hintere Ende der Leitbleche noch leicht nach innen zum Rahmen zeigt. Nun die Befestigungsschraube mit ca. 5 Nm anziehen.

2 Parallel ausrichten
Richten Sie durch leichtes Eindrehen der Abstützschraube „A“ das äußere Leitblech parallel zum großen Kettenblatt aus. Montieren Sie jetzt die Kette, wie in Kapitel 5 beschrieben.

3 Äußeres Leitblech
Schalten Sie die Kette auf die Position großes Kettenblatt, kleinstes Ritzel. Justieren Sie mit der 2-mm-Innensechskantschraube „H“ den Umwerfer so, dass zwischen Kette und der Innenseite des äußeren Leitblechs ein Abstand von 0,5–1 mm besteht.

3

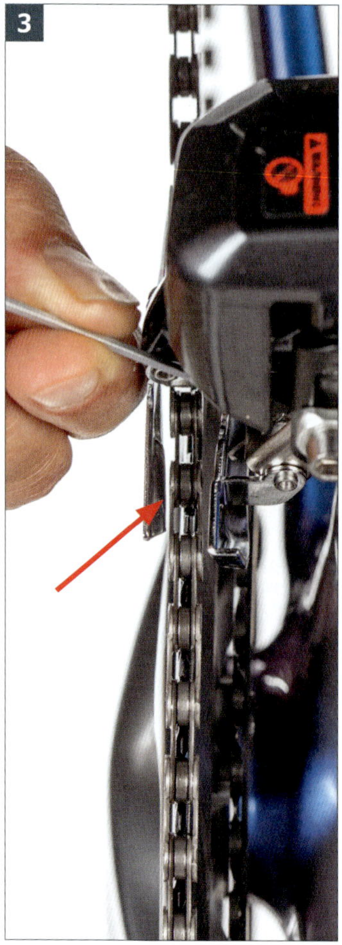

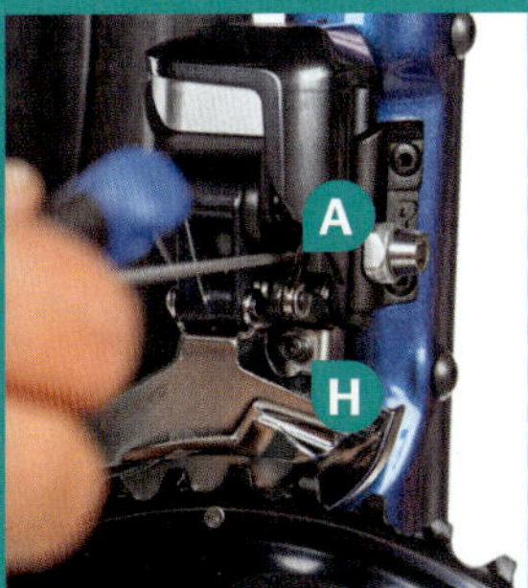

Funktionen der Schrauben
Die beiden nahe beieinanderliegenden Schrauben „A“ und „H“ haben unterschiedliche Funktionen: Schraube „A“ stützt den Umwerfer am Rahmen ab und beeinflusst die Parallelität des Leitblechs zum Kettenblatt. Schraube „H“ stellt die Grundposition des Umwerfers zur Kette ein.

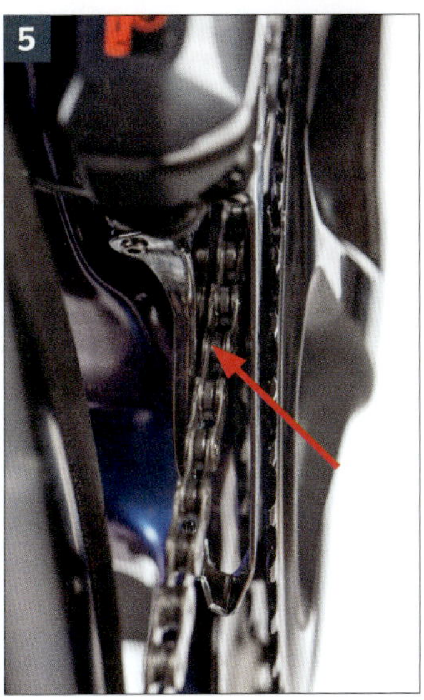

4 Einstellmodus
Schalten Sie jetzt in die Position kleines Kettenblatt, größtes Ritzel.
Drücken Sie dann die Taste an der Steuerungseinheit so lange, bis die linke LED an der Steuerungseinheit rot leuchtet. Der Umwerfer ist jetzt im Einstellmodus. Durch Drücken der Schalttaster am linken Schalthebel kann der Umwerfer jetzt feinjustiert werden. Drückt man Taste „X“ (längerer, schmaler Taster im vorderen Bereich), bewegt sich der Umwerfer ca. 0,1 mm nach außen. Drückt man Taste „Y“ (kürzerer, breiterer Taster im hinteren Bereich), bewegt sich der Umwerfer ca. 0,1 mm nach innen.

5 Justage kleines Kettenblatt
Justieren Sie mithilfe der Tasten den Umwerfer so, dass zwischen Kette und innerem Leitblech ein Abstand von ca. 0–0,5 mm besteht.
Drücken Sie dann die Taste an der Steuerungseinheit so lange, bis die rote LED erlischt.

6 Justage großes Kettenblatt
Schalten Sie jetzt in die Position großes Kettenblatt, größtes Ritzel. Gehen Sie, wie oben beschrieben, wieder in den Einstellmodus, und justieren Sie auch hier den Umwerfer so, dass zwischen Kette und innerem Leitblech ein Abstand von ca. 0–0,5 mm besteht. Verlassen Sie den Einstellmodus wieder, und prüfen Sie zuletzt den Gangwechsel auf korrekte Funktion.

SRAM-Schaltwerk

Alle SRAM-Schaltkomponenten haben einen sogenannten Funktionsknopf, mit dem man Einstellungen und das Koppeln der Komponenten vornehmen kann. Die Feinjustierung am Schaltwerk kann mit etwas Übung sogar beim Fahren vorgenommen werden.

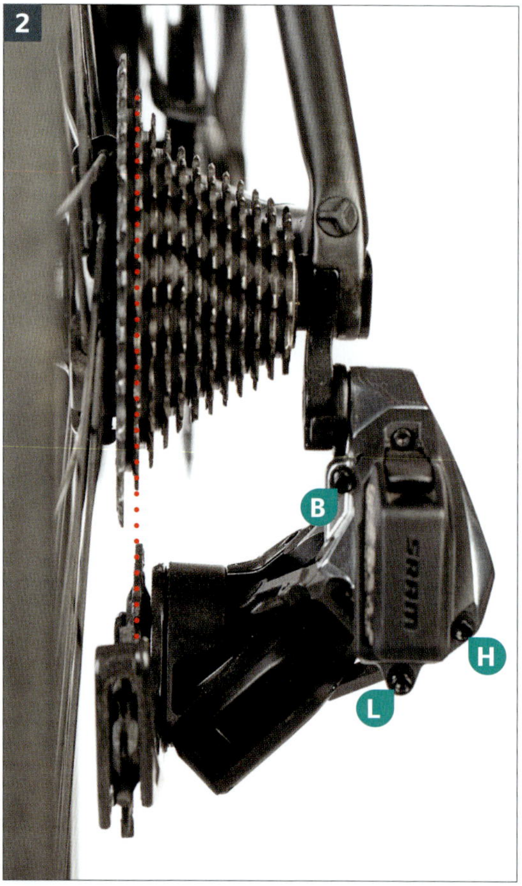

1 + 2 Positionieren des Schaltwerks
Schalten Sie bei noch nicht montierter Kette das Schaltwerk mithilfe der Schalthebel auf das zweitgrößte Ritzel. Nun können Sie die Feinjustierung vornehmen. Durch gleichzeitiges Drücken der Funktionstaste und Betätigung des rechten Schalthebels nach innen bewegt sich das Schaltwerk in Microschritten nach außen (rechts). Durch gleichzeitiges Drücken der Funktionstaste und Betätigung des linken Schalthebels nach innen bewegt sich das Schaltwerk in Microschritten nach innen (links).
Positionieren Sie das Schaltwerk so, dass das obere Schaltröllchen exakt in einer Linie mit der Mitte des zweitgrößten Ritzels steht.

Koppeln der Komponenten des SRAM eTap AXS Systems
Stellen Sie zunächst sicher, dass das Schaltwerk und die Schalthebel eine Funkverbindung haben. Falls diese noch nicht besteht, müssen Sie das System wie folgt koppeln:

- Drücken Sie die Funktionstaste am Schaltwerk so lange, bis die grüne LED langsam blinkt.
- Halten Sie die Funktionstaste eines Schalthebels gedrückt, bis die grüne LED schnell blinkt.
- Drücken Sie nun die Funktionstaste des anderen Schalthebels, bis die grüne LED schnell blinkt.
- Halten Sie nun die Funktionstaste des Umwerfers gedrückt, bis die grüne LED schnell blinkt.
- Drücken Sie abschließend die Funktionstaste des Schaltwerks; die grüne LED hört nun auf zu blinken, das System ist gekoppelt.

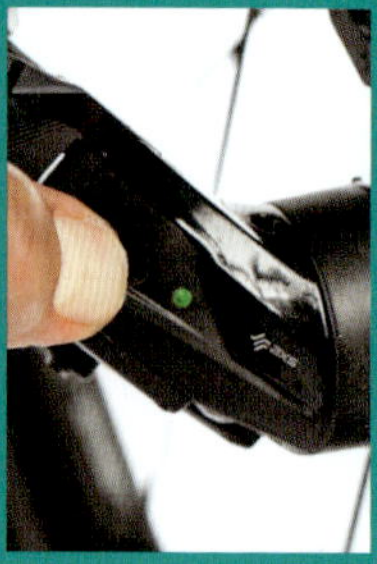

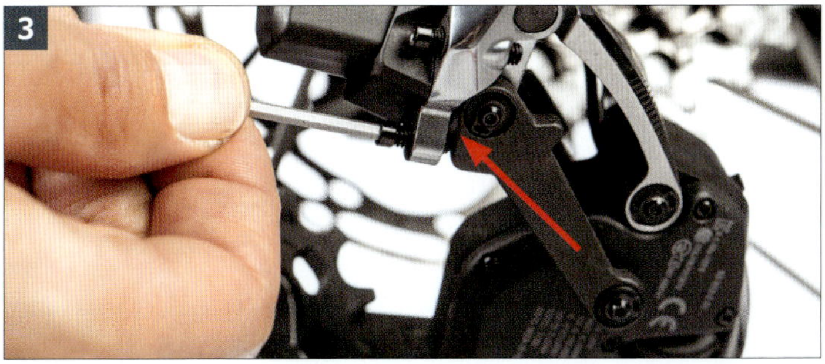

3 **Anschlag größtes Ritzel**
Schalten Sie nun auf das größte Ritzel. Schrauben Sie dann die untere Einstellschraube „L“ mit einem 2,5-mm-Innensechskantschlüssel so weit ein, dass diese leicht den Gelenkanschlag berührt und den Stellweg des Schaltwerks nach oben begrenzt.

4 **Anschlag kleinstes Ritzel**
Schalten Sie jetzt auf das große Kettenblatt und das kleinste Ritzel. Schrauben Sie dann die untere Einstellschraube „H“ mit einem 2,5-mm-Innensechskantschlüssel so weit ein, dass diese leicht den Gelenkanschlag berührt und den Stellweg des Schaltwerks nach unten begrenzt.
Montieren Sie jetzt die Kette, wie ab Seite 94 beschrieben.

SRAM-Elektronik
Wundern Sie sich nicht, wenn Sie plötzlich nicht mehr auf das kleinste Ritzel der Kassette herunterschalten können. Sie sind dann sicherlich vorn auf dem kleinen Kettenblatt. Diese Schaltposition möchte SRAM bei seinen 2 x 12 Antrieben vermeiden, da die Kettenlinie dabei extrem ungünstig läuft und Geräusche sowie hohen Verschleiß verursacht. Das „Gehirn“ der Elektronik lässt es dann nicht mehr zu, dass die Kette auf dem kleinsten Ritzel liegt, wenn sie vorn auf dem kleinen Kettenblatt läuft. Aber Sie haben eine gleiche oder sehr ähnliche Übersetzung mit deutlich besserer Kettenlinie, wenn Sie stattdessen eine Übersetzung vorn auf dem großen Kettenblatt und hinten auf einem größeren Ritzel wählen.

5 **Abstand einstellen**
Stellen Sie jetzt den Abstand des oberen Leiträllchens zum größten Ritzel ein. Schalten Sie dazu auf das kleine Kettenblatt und das größte Ritzel. Stellen Sie mit der Einstellschraube „B“ und einem 2,5-mm-Innensechskantschlüssel einen Abstand zwischen oberem Leiträllchen und größtem Ritzel von 6–8 mm ein. Falls Sie die Einstelllehre von SRAM zur Hand haben, stellen Sie den Abstand gemäß der Lehre ein.
Überprüfen Sie alle Gänge auf schnellen Gangwechsel und geräuschlosen Lauf. Nehmen Sie, falls nötig, die Feinjustierungen, wie in Bild 2 beschrieben, erneut vor.

SRAM-Umwerfer

Der SRAM-eTap-AXS-Umwerfer erfordert eine präzise Ausrichtung bei der Montage. Dafür muss die Kette entfernt werden, damit freie Sicht auf die Markierungen und die Spitzen der Kettenblätter besteht.

1 Abstützung lösen
Lösen Sie vor einer neuen Positionierung des Umwerfers den Stabilisierungskeil auf der Rückseite, und ziehen Sie ihn aus der Klemmposition.

2 Höhe justieren
Schalten Sie den Umwerfer auf die äußere Schaltposition über dem großen Kettenblatt. Justieren Sie dann bei gelöster Befestigungsschraube die Höhe des Umwerfers so, dass die Markierung auf dem inneren Leitblech sich, von der Seite aus betrachtet, mit den Spitzen der Zähne des großen Kettenblatts deckt. Jetzt die Befestigungsschraube leicht anziehen. Der Abstand der Zahnspitzen zur unteren Kante des äußeren Leitblechs sollte jetzt 1–2 mm betragen.

3 Umwerfer winklig ausrichten

Den Umwerfer mit leicht gelöster Befestigungsschraube so ausrichten, dass die Markierungen auf dem Umwerfer (von oben betrachtet) mit den Zahnspitzen des großen Kettenblatts übereinstimmen.

4 Feinjustierung der Markierungen

Falls die Markierungen oben auf dem Umwerfer noch nicht präzise über den Spitzen des Kettenblatts stehen, können Sie dies nun mit der oberen Anschlagschraube und einem 2,5-mm-Innensechskantschlüssel korrigieren und dann die Markierungen noch mal bei leicht gelöster Befestigungsschraube mit den Zahnspitzen in eine Linie bringen. Achten Sie stets darauf, dabei die Höhe des Umwerfers nicht mehr zu verändern.
Dann die Befestigungsschraube mit 6 Nm anziehen.
Falls sich die Ausrichtung des Umwerfers beim Anziehen der Schraube verstellen sollte, Schraube wieder lösen und aus leicht veränderter Position das Festziehen wiederholen.

5 Stabilisierungskeil einstellen
Zur stabilen Abstützung des Umwerfers am Rahmen empfiehlt SRAM dringend die Verwendung eines Stabilisierungskeils hinter dem Umwerfer.
Diese Keile gibt es in verschiedenen Formen. Montieren Sie denjenigen Keil, der am besten zwischen den Umwerfer und Ihren Rahmen passt.

6 Abstand Leitblech außen justieren
Montieren Sie jetzt die Kette, wie ab Seite 94 beschrieben. Schalten Sie dann in die Position großes Kettenblatt, kleinstes Ritzel. Justieren Sie den Abstand zwischen äußerem Leitblech und Kette mit der oberen Anschlagschraube so, dass der Abstand 0,5–1 mm beträgt.

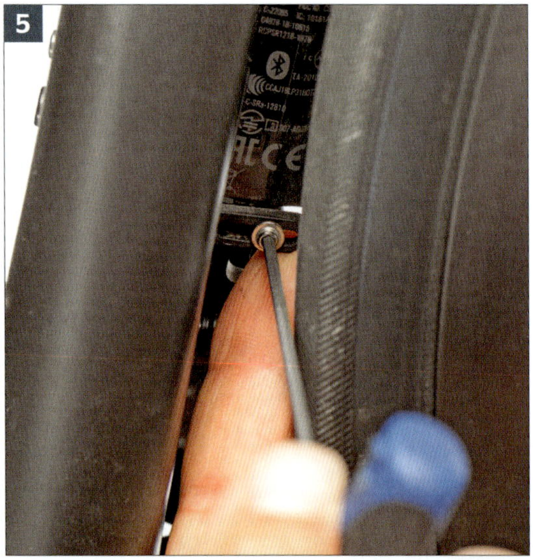
5

6

Schaltknopf
TIPP: Der elektronische SRAM-Umwerfer wird im Fahrbetrieb durch gleichzeitiges Drücken der beiden Schalthebel links und rechts geschaltet. Sie können den Umwerfer aber auch durch Drücken des Funktionsknopfs direkt am Umwerfer schalten. Das ist bei Einstellarbeiten am Rad oft praktischer.

7 Abstand Leitblech innen justieren
Schalten Sie nun in die Position kleines Kettenblatt, größtes Ritzel. Justieren Sie dann den Abstand zwischen innerem Leitblech und Kette mithilfe der unteren Anschlagschraube so, dass der Abstand 0,5–1 mm beträgt.

Montagelehre
Zur Vereinfachung der Montage des SRAM-eTap-AXS-Umwerfers bietet SRAM eine Montagelehre an. Sie bringt den Umwerfer gleichzeitig auf die richtige Höhe und in die korrekte Winkelposition.
Verwenden Sie die Montagelehre wie von SRAM im Handbuch beschrieben.

Campagnolo-Schaltwerk

Das elektronische Campagnolo-Schaltwerk wird mit montierter Kette eingestellt. Wichtig ist auch, dass der Grundeinstellungsprozess (Nullstellung genannt) des elektronischen Campagnolo-Schaltwerks immer komplett durchlaufen wird. Die Ausgangspositionen der Kettenstellung sind dabei essenziell.

1 Nullstellung
Zum Start der Nullstellung des Schaltwerks muss sich die Kette auf dem großen Kettenblatt und dem zweitkleinsten Ritzel befinden. Drücken Sie dann etwa sechs Sekunden lang gleichzeitig beide Mode-Tasten „C" an den EPS-Bremsschalthebeln, bis die LED blau leuchtet. Jetzt befinden Sie sich im Einstellmodus des Schaltwerks, bei Campagnolo „Nullstellung" genannt.

2 Zweitkleinstes Ritzel
Verschieben Sie mithilfe beider Schalttasten „A" und „B" des rechten EPS-Bremsschalthebels das Schaltwerk nun so, dass das obere Schaltröllchen unter dem zweitkleinsten Ritzel zentriert steht.
Nun eine der Mode-Tasten „C" kurz drücken, um die Position des zweitkleinsten Ritzels zu speichern. Die LED schaltet nun von Blau auf Weiß.

3 Zweitgrößtes Ritzel
Verschieben Sie mithilfe beider Schalttasten „A" und „B" des rechten EPS-Bremsschalthebels das Schaltwerk so, dass das obere Schaltröllchen unter dem zweitgrößten Ritzel zentriert steht. Nun eine der Mode-Tasten „C" drücken, um die Position des zweitgrößten Ritzels zu speichern. Die LED blinkt nun blau – das Nullstellungsverfahren wird verlassen.

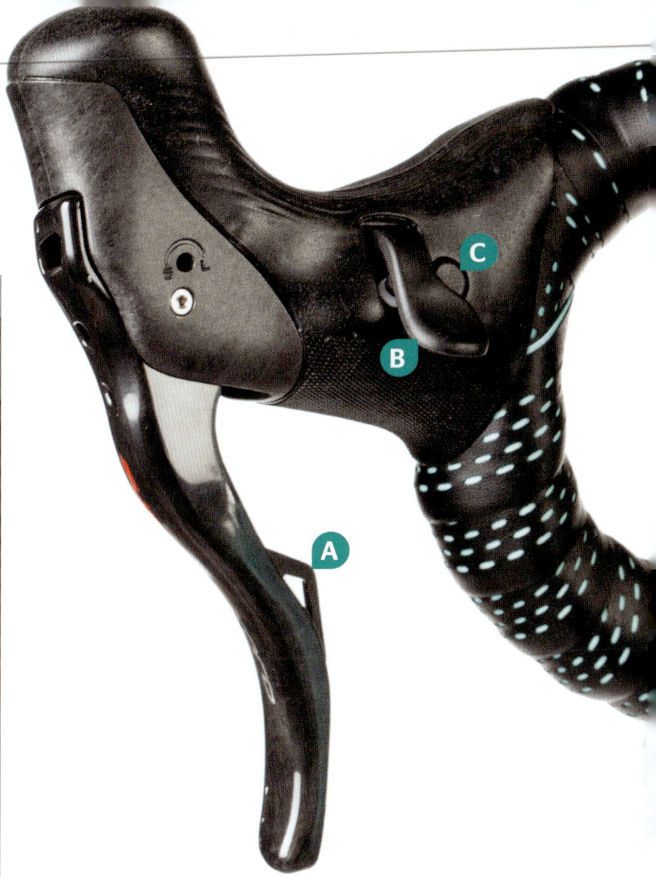

4 Anschlag größtes Ritzel
Schalten Sie nun mit der großen Schalttaste des rechten EPS-Bremsschalthebels auf das größte Ritzel, und drehen Sie die Anschlagschraube „X" des Schaltwerks so weit ein, bis sie den Parallelogrammkörper leicht berührt. Drehen Sie sie dann wieder eine halbe Umdrehung vom Parallelogrammkörper weg.

5 Umschlingungswinkel
Mit der Einstellschraube „Y" wird ein Abstand von 5–7 mm zwischen oberem Schaltröllchen und größtem Ritzel eingestellt.

Campagnolo-Umwerfer

Der Campagnolo-Umwerfer wird nur elektronisch eingestellt. Er besitzt keine Anschlagschrauben. Die innere und die äußere Position werden per Schalttasten justiert und mit der Mode-Taste gespeichert. Wichtig ist dabei die Position der Kette vor dem Start des Einstellvorgangs.

1

2

3

4

1 Abstützung lockern
Lockern Sie zuerst die Feststellschraube der Abstützung an der Innenseite des Umwerfers, damit Sie den Umwerfer frei justieren können.

2 Richtige Höhe
Justieren Sie den Umwerfer mit gelockerter Befestigungsschraube so über dem großen Kettenblatt, dass der Abstand zwischen äußerem Leitblech und den Spitzen des großen Kettenblatts 2–3 mm beträgt.

3 Parallel ausrichten
Richten Sie das äußere Leitblech exakt parallel zu den Zahnspitzen des großen Kettenblatts aus. Verändern Sie dabei die Höhe des Umwerfers nicht mehr. Schrauben Sie jetzt die Befestigungsschraube mit 5–7 Nm fest.

4 Abstützung festziehen
Ziehen Sie jetzt die Feststellschraube der Abstützung an der Innenseite mit ca. 0,5 Nm fest. Montieren Sie jetzt die Kette, wie in Kapitel 5 beschrieben.

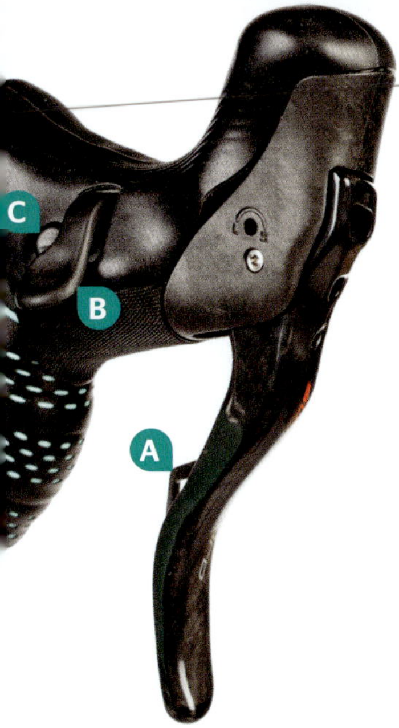

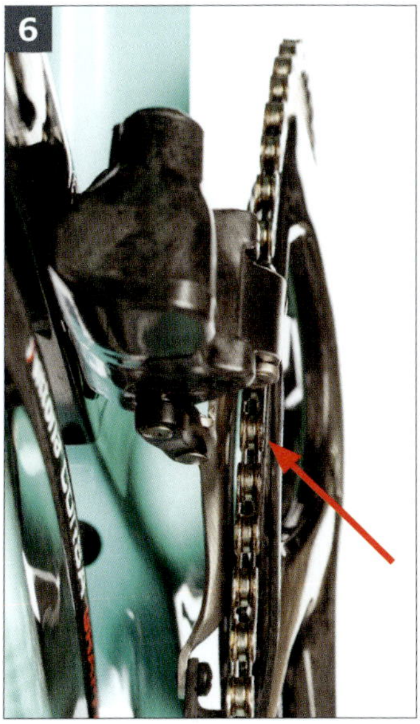

5 Nullstellung klein-groß
Starten Sie die Einstellung des Umwerfers in der Schaltstellung kleines Kettenblatt, größtes Ritzel. Drücken Sie etwa sechs Sekunden lang gleichzeitig beide Mode-Tasten „C" an den EPS-Bremsschalthebeln, bis die blaue LED leuchtet.
Verschieben Sie mit den Schalttastern „A" und „B" des linken EPS-Schalthebels den Umwerfer so, dass der Abstand zwischen innerem Leitblech und Kette 0,5 mm beträgt.
Nun eine der Mode-Tasten „C" drücken, um die Position des Umwerfers auf dem kleinen Kettenblatt zu speichern. Die LED blinkt nun blau, die Nullstellung ist abgeschlossen.

6 Nullstellung groß-klein
Schalten Sie nun mit dem großen Schalttaster des linken EPS-Bremsschalthebels auf die Position großes Kettenblatt, kleinstes Ritzel. Überprüfen Sie den Abstand zwischen äußerem Leitblech und Kette. Er sollte 0,5 mm betragen. Wenn der Abstand nicht stimmt, gehen Sie folgendermaßen vor:
Drücken Sie etwa sechs Sekunden lang die Mode-Taste „C" am linken EPS-Bremsschalthebel, bis die violette LED leuchtet.
Justieren Sie durch Drücken der Schalttaster „A" und „B" am linken EPS-Schalthebel den Abstand zwischen äußerem Leitblech und Kette so, dass er 0,5 mm beträgt.
Schließen Sie den Vorgang durch kurzes Drücken der Mode-Taste „C" ab. Die Position des Umwerfers ist nun gespeichert.

Montage mit Campagnolo-Einstelllehre
Schritt 2 und 3 kann auch mit der speziellen Campagnolo-Einstelllehre UT-FD120 durchgeführt werden. Auch hier wird zuerst der Umwerfer so positioniert, dass das äußere Leitblech ungefähr 2–3 mm über den Spitzen der Zähne des großen Kettenblatts steht und das äußere Leitblech parallel zum Kettenblatt fluchtet. Dann wird die der richtigen Zähnezahl entsprechende Einstellhilfe UT-FD120 auf die Spitzen der Zähne des großen Kettenblatts gesetzt. Durch vorsichtiges Rückwärtsdrehen der Kurbeln schiebt man bei gelöster Befestigungsschraube die Einstellhilfe nun unter das äußere Leitblech des Umwerfers und setzt diesen direkt oben auf die Einstelllehre. Richten Sie jetzt das äußere Leitblech parallel zu der weißen Markierung auf der Einstelllehre aus, und ziehen Sie dann die Befestigungsschraube mit 5–7 Nm an. Danach kann die Kurbel wieder nach vorn gedreht und das Werkzeug UT-FD120 wieder abgenommen werden.

5

Kette und Kassette

Das Herzstück des Antriebs

Zusammen mit Kurbeln und Kettenblättern wandeln die Kette und die Ritzel der Kassette die Kraft der Beine in Vortrieb um. Eine ganz schön verantwortungsvolle Aufgabe für so grazile Bauteile. Pflege und regelmäßiges Austauschen dieser Komponenten lohnt sich auf Dauer.

Unser Tipp: Fahren Sie auch eine gut gepflegte und gut funktionierende Kette nie länger als ca. 3.000 km.

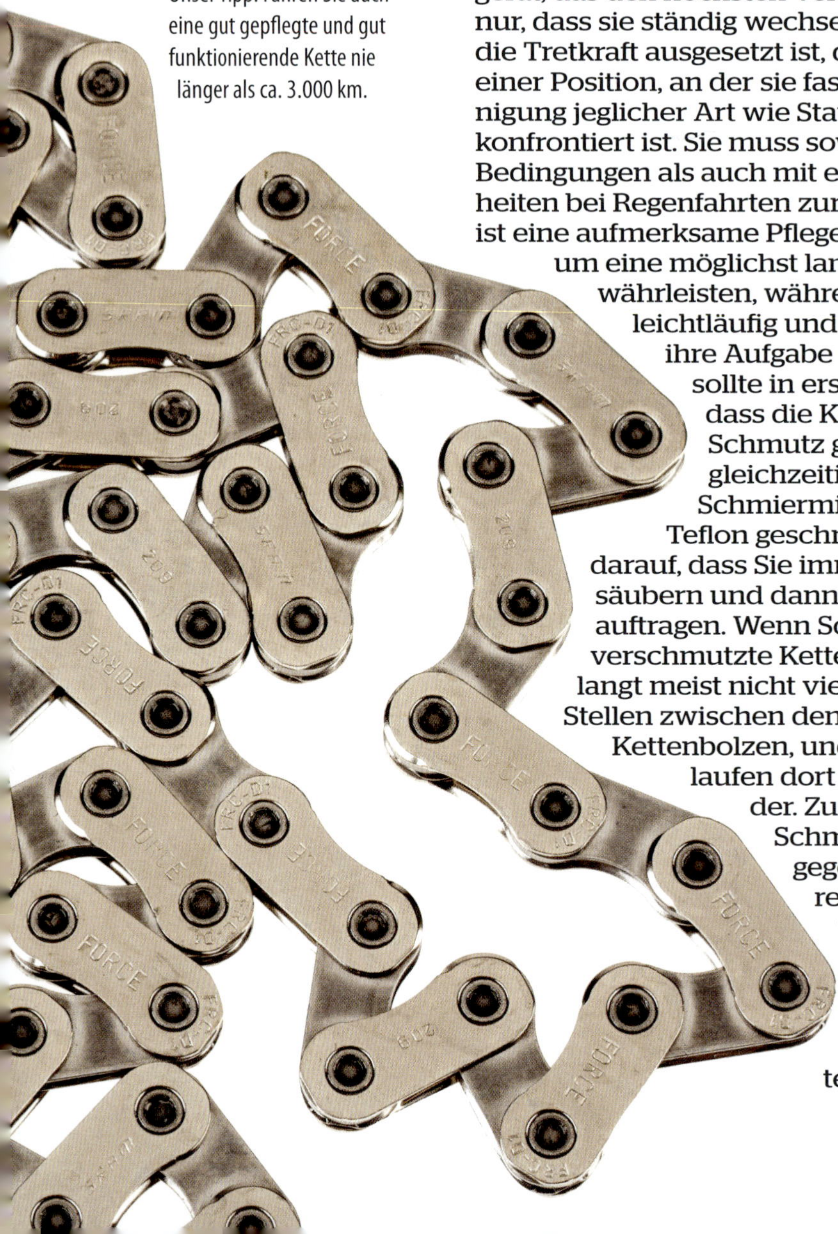

Die Fahrradkette ist das Bauteil an Ihrem Sportgerät, das den höchsten Verschleiß aufweist. Nicht nur, dass sie ständig wechselnder Belastung durch die Tretkraft ausgesetzt ist, die Kette sitzt auch an einer Position, an der sie fast konstant mit Verunreinigung jeglicher Art wie Staub, Sand oder Schlamm konfrontiert ist. Sie muss sowohl mit sehr trockenen Bedingungen als auch mit extrem nassen Gegebenheiten bei Regenfahrten zurechtkommen. Deshalb ist eine aufmerksame Pflege der Kette stets ratsam, um eine möglichst lange Lebensdauer zu gewährleisten, während der die Kette präzise, leichtläufig und möglichst geräuschlos ihre Aufgabe verrichtet. Diese Pflege sollte in erster Linie darin bestehen, dass die Kette von mechanischem Schmutz gesäubert wird und gleichzeitig durch ein geeignetes Schmiermittel wie Öl oder PTFE/Teflon geschmiert wird. Achten Sie darauf, dass Sie immer zuerst die Kette säubern und dann erst das Schmiermittel auftragen. Wenn Schmiermittel auf eine verschmutzte Kette aufgetragen werden, gelangt meist nicht viel davon an die kritischen Stellen zwischen den Kettengliedern und den Kettenbolzen, und die Bauteile der Kette laufen dort ungeschmiert aufeinander. Zudem bilden mechanische Schmutzpartikel mit darüber gegossenem Schmiermittel relativ rasch eine verhärtete Kruste auf Kette, Zähnen und Schaltröllchen. Sie blockieren somit einen präzisen Kettenlauf und ein leichtes Abrollen der Kette.

Rennrad-Kassetten besitzen elf oder zwölf Ritzel. Unterschiedliche Abstufungen ermöglichen ein großes Übersetzungsspektrum.

Aber selbst bei bester Pflege ist das Ende der Lebensdauer einer Kette irgendwann erreicht. Dies lässt sich am besten mit einer Kettenverschleißlehre bestimmen. Mit ihr wird die Längung der Kette gemessen. Um ein Gefühl für den Verschleiß einer Kette zu bekommen, sollten Sie einmal die Kettenverschleißlehre an eine neuen Kette halten, um vergleichen zu können, wie tief der Messdorn dort im Vergleich zu einer alten Kette eintaucht.

Eine ausgelängte Kette bewirkt, dass sich die Zähne der Ritzel und Kettenblätter den geweiteten Kettengliedern anpassen. Wenn Sie dann eine neue Kette mit engeren Maßen montieren, kann es passieren, dass diese über die ausgeweiteten Zähne der Ritzel und Kettenblätter springt und Sie auch diese Bauteile erneuern müssen. Das ist immer kostspieliger, als die Kette in kürzeren Abständen regelmäßig zu wechseln. Die Qualität der Kette spielt dabei eine untergeordnete Rolle, man kann also auch problemlos preiswerte Ketten verwenden.

Kette wechseln

Dass ein System nur so stark ist wie das schwächste Glied in der Kette, trifft im Fall der Fahrradkette nicht nur sprichwörtlich, sondern ganz konkret zu. Deshalb ist die Montage der Kette ein essenzieller Schritt bei der Zusammensetzung des Antriebs.

1 Vernietete Kette öffnen
Achten Sie darauf, die Kette nicht an einem bereits vernieteten Glied zu öffnen. Legen Sie die Kette exakt in die Aufnahme des Nietdrückers, damit der Nietbolzen genau mittig auf den Kettenbolzen trifft. Schrauben Sie jetzt den Nietbolzen so weit ein, bis der Kettenbolzen ganz herausgedrückt wird. Die Kette ist jetzt offen.

2 Kettenlänge bestimmen
Fädeln Sie die neue Kette durch das Schaltwerk, und legen Sie die Kette auf das kleinste Ritzel und das kleine Kettenblatt. Messen Sie dann die Enden so ab, dass der Käfig des Schaltwerks gerade leicht gespannt ist und somit die Kette unten gestrafft wird und durch ihr Eigengewicht nicht durchhängt. Beachten Sie bei der Abmessung der Kettenlänge, dass eine Innen- und eine Außenlasche aufeinandertreffen.

Falls Sie lediglich die gebrauchte Kette gegen eine neue austauschen und an der Übersetzung keine Veränderungen vornehmen, können Sie die alte Kette ideal als Längenvorlage verwenden. In diesem Fall legt man die neue Kette ganz ausgestreckt neben die ausgestreckte alte Kette und längt sie präzise auf die gleiche Länge ab. Wahrscheinlich ist die alte Kette um einige Millimeter länger, da sie sich im Laufe des Gebrauchs ausgelängt hat.

3 Kette ablängen

Setzen Sie den Nietdrücker wieder genau mittig an dem herauszunietenden Kettenbolzen an, und schrauben Sie den Nietbolzen so weit ein, bis der Kettenbolzen ganz herausgedrückt ist. Jetzt sollten an den beiden Enden der Kette eine Innen- und eine Außenlasche aufeinandertreffen.

4 Richtige Ausrichtung

Achten Sie bei Shimano-Ketten darauf, dass die Typenbezeichnung der Kette von der Antriebsseite aus lesbar ist.

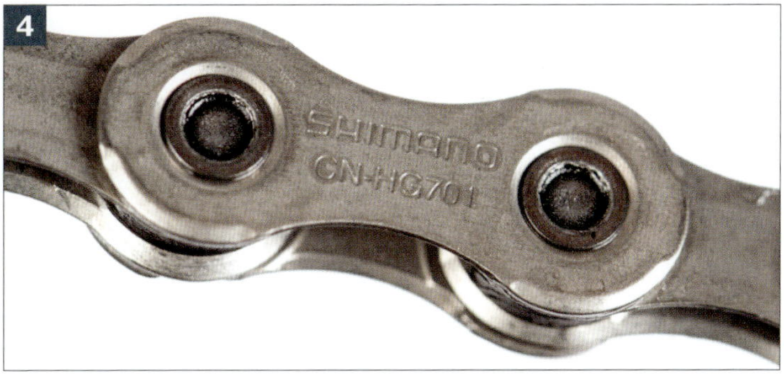

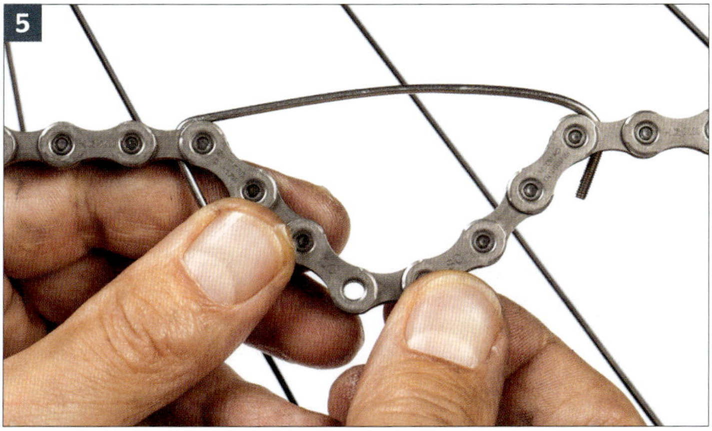

5 Spannhilfe

Zum leichteren Vernieten der Kette kann man sich mit einer gebogenen Speiche eine Hilfe zum Spannen der Kette basteln.

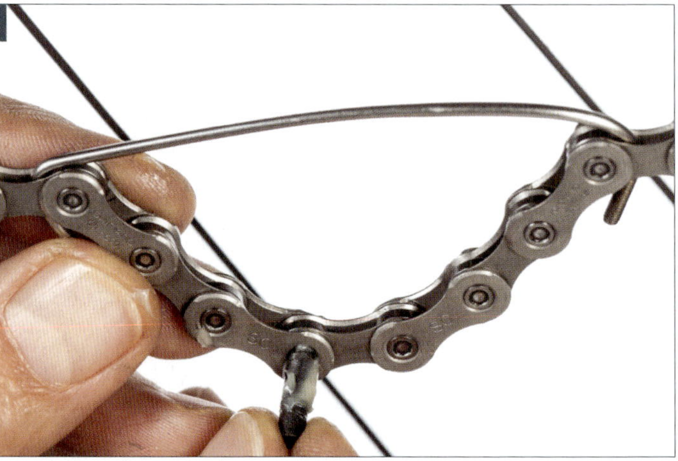

6 Nietstift einführen
Führen Sie den vorderen Teil des passenden Nietstifts gefettet in die beiden Kettenenden ein.

7 Kette vernieten
Setzen Sie dann den Nietdrücker präzise mittig an, und drehen Sie den hinteren Teil des Nietstifts so weit ein, bis eine spürbare, leichte Veränderung des Widerstands beim Einschrauben bemerkbar ist.

8 Kontrolle Vernietung
Das Ende des Nietstifts sollte jetzt nur noch ca. 0,1 mm überstehen.

9 + 10 Einführhilfe abbrechen

Greifen Sie den vorderen Teil des Nietstifts mit einer Zange, und drücken Sie ihn zur Seite, bis er an der Sollbruchstelle bricht.

11 Kontrolle auf Leichgängigkeit

Kontrollieren Sie, ob sich das vernietete Kettenglied frei bewegen lässt.

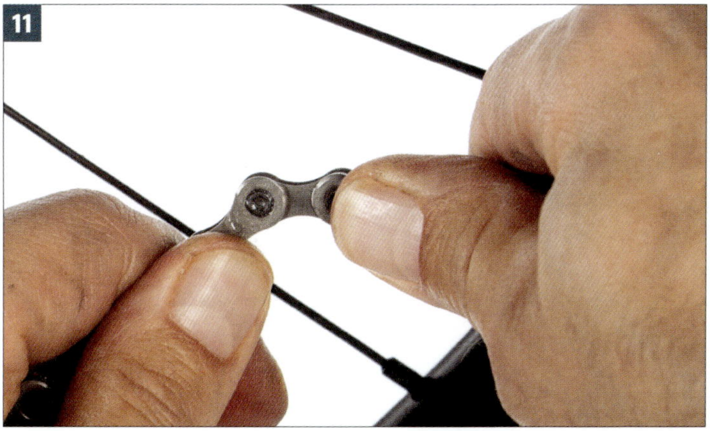

Unbewegliches Kettenglied

Sollte das vernietete Kettenglied schwergängig sein oder steif bleiben, versuchen Sie es durch seitliches Hin- und Herbewegen zu lockern. Gehen Sie hierbei sehr vorsichtig vor, und verbiegen Sie die Kette nicht. Auch ein zusätzlicher Tropfen Kriechöl hilft oft dabei, die Kette wieder beweglich zu machen.

Campagnolo-Kette wechseln

Campagnolo-Ketten dürfen nur mit dem speziellen Campagnolo-Kettennieter UT-CN300 geöffnet und verschlossen werden. Achten Sie darauf, dass der Nietstift mit Einführhilfe von einer Seite eingedrückt und dann von der gegenüberliegenden Seite aufgespreizt wird. Dabei steht beim Eindrücken der hintere Riegel offen, beim Aufspreizen wird er geschlossen. Die Metallspange hält die Kette präzise in Position. Beachten Sie auch, dass Sie die Kette nicht an einem schon einmal vernieteten Glied öffnen.

1 Kette öffnen
Der Riegel des Kettennieters muss nach außen geöffnet sein. Legen Sie das zu öffnende Kettenglied in die Aufnahme, sichern Sie die Kette mit der Spange, und drehen Sie dann den Nietstift ganz heraus.

2 Nietstift von innen einführen
Der Riegel des Kettennieters ist noch geöffnet. Führen Sie nun den vorderen Teil eines neuen, gefetteten Nietstifts von der Innenseite aus in die zwei Kettenenden ein. Legen Sie die Kette in die Aufnahme, und sichern Sie sie mit der Spange. Drehen Sie dann den hinteren Teil des Nietstifts so weit ein, bis eine spürbare Veränderung des Widerstands beim Einschrauben bemerkbar wird.

3 Einführhilfe abbrechen
Brechen Sie den vorderen Teil des Nietstifts mithilfe der Bohrung im Nietdrücker oder einer Zange ab. Setzen Sie den Nietdrücker nun von der Antriebsseite, also der Seite, wo die Einführhilfe abgebrochen wurde, an.

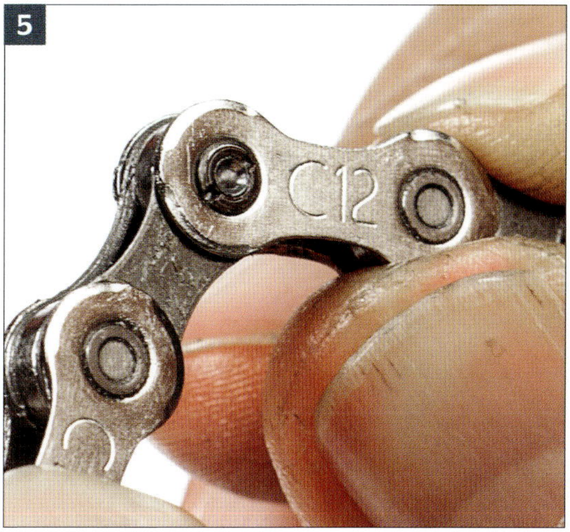

4 Niet von außen aufspreizen
Legen Sie nun den Riegel nach innen, sodass der Kettenbolzen nicht herausgedrückt werden kann. Legen Sie die Kette in die Aufnahme, und sichern Sie sie mit der Spange. Drehen Sie nach dem ersten Kontakt die Spindel ungefähr eine $^3/_4$ Umdrehung handfest an, sodass der Kettenbolzen leicht aufgespreizt wird.

5 Nietung kontrollieren
Der Kettenbolzen sollte jetzt erkennbar leicht aufgespreizt sein.

Kettenverschleiß messen

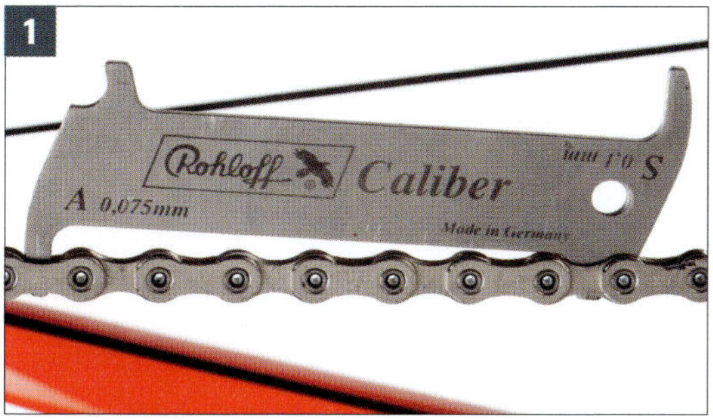

1 Verschleiß gering
Um den Verschleiß zu messen, wird die Kettenverschleißlehre in die Lücke zwischen zwei Kettengliedern eingeführt und der Messdorn bei leicht gespannter Kette in ein Kettenglied gedrückt. Dringt der Messdorn nur leicht ein, ist die Kette noch gut.

2 Verschleiß hoch
Dringt der Messdorn mit der kleineren Toleranzangabe „A“ mittel bis tief ein, sollte man die Kette demnächst wechseln. Dringt der Messdorn mit der höheren Toleranzangabe „S“ mittel bis tief ein, muss die Kette umgehend gewechselt werden.

Kettenschloss

Viele Ketten können mit einem Kettenschloss verschlossen werden. Zum Öffnen benötigt man eine spezielle Kettenschlosszange. Verschlossen werden die Kettenschlösser durch Zug auf die Kette. Dazu wird das Kettenschloss auf den oberen Antriebsstrang gebracht und dann Druck auf die Kurbel gegeben. Bei blockiertem Hinterrad zieht sich das Kettenschloss zu.

1

1 Kettenschloss öffnen

Das Kettenschloss wird mit einer Kettenschlosszange geöffnet. Greifen Sie mit der Zange zwischen die Glieder vor und hinter dem Kettenschloss, und drücken Sie dann die Zange zusammen, dabei wird das Kettenschloss geöffnet, wodurch zwei Teile entstehen. Achtung: Die meisten Kettenschlösser sind nur für ein einmaliges Verschließen vorgesehen. Verwenden Sie deshalb immer ein neues Kettenschloss zum Verschließen der Kette.

2 Kette ablängen

Längen Sie die Kette, wie ab Seite 94 gezeigt, auf die richtige Länge ab. Achten Sie aber jetzt darauf, dass zwei Innenlaschen aufeinandertreffen.

3 Kettenschloss einführen

Führen Sie beide Teile des Kettenschlosses gefettet in die Innenlaschen ein.

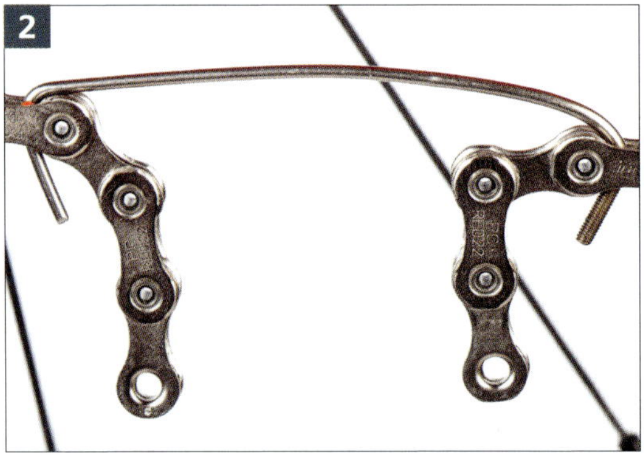
2

3

Laufrichtung

Achten Sie auf die Laufrichtung des Kettenschlosses. Der Pfeil sollte von außen sichtbar in die Laufrichtung der Kette beim Treten zeigen.

Kettenschlösser bestehen aus zwei halben Außenlaschen und können durch ein Gegeneinander-Verschieben verschlossen und geöffnet werden. Die meisten Kettenschlösser sollen nur einmal benutzt werden.

4 Kettenschloss schließen
Stecken Sie die beiden Kettenbolzen durch die große Öffnung in der gegenüberliegenden Lasche. Bringen Sie das Kettenschloss durch Kurbeln auf die obere Seite des Antriebstrangs. Achten Sie darauf, dass sich das Schloss beim Überlaufen der Ritzel nicht aufdrückt. Halten Sie das Hinterrad fest, und geben Sie Druck auf die Kurbel. Jetzt sollte das Kettenschloss hörbar in der verschlossenen Position einrasten.

Was passt?
Beim Verschließen von Ketten darf man keine Experimente eingehen. Man benötigt das exakt passende Verschlussglied oder den richtigen Nietstift für die entsprechende Kette. Shimano lässt bei 11-fach-Ketten die Wahl zwischen Kettenschloss und Nietstift. Für 10-fach-Ketten gibt es nur Nietstifte.
Bei SRAM kommt immer ein Kettenschloss zum Einsatz, die verschiedenen Schlösser für 10-, 11- und 12-fach-Ketten haben unterschiedliche Farben und Formen.
Campagnolo verwendet für das 11-fach-Schaltsystem einen Nietstift mit dunkler Spitze, für 12-fach-Ketten einen mit heller Einführhilfe.

Shimano

10-fach-Nietstift

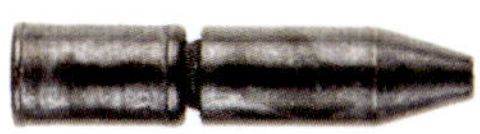
11-fach-Nietstift

11-fach-Kettenschloss

SRAM

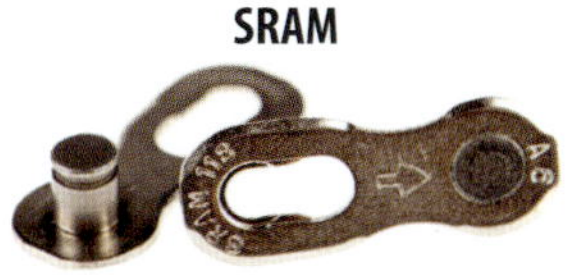
11-fach-Kettenschloss

12-fach-Kettenschloss

Campagnolo

11-fach-Nietstift

12-fach-Nietstift

Kassette wechseln

Eine Kassette muss abgenommen oder gewechselt werden, wenn man sie gründlich säubern möchte, wenn eine andere Übersetzung montiert werden soll oder wenn die Ritzel verschlissen sind und sie durch neue ersetzt werden müssen. Wir zeigen, wie man mit passendem Werkzeug und der richtigen Vorgehensweise Kassetten demontiert und montiert.

1 Abzieher ansetzen
Stecken Sie das passende Abziehwerkzeug, z. B. Shimano TL-LR15, in die Verzahnung des Verschlussrings. Der Verschlussring wird durch Drehen gegen den Uhrzeigersinn geöffnet.

2 Kettenpeitsche ansetzen
Setzen Sie jetzt auch die Kettenpeitsche zum Gegenhalten an einem der größeren Ritzel an. Der Winkel zwischen den beiden Hebeln sollte ca. 120° betragen. Beugen Sie sich über das Laufrad, halten Sie die Kettenpeitsche mit der linken Hand fest, und drücken Sie den Abzieher mit der rechten Hand herunter, bis sich der Verschlussring lockert.

3 Verschlussring abnehmen
Schrauben Sie dann den Verschlussring ganz auf, und nehmen Sie ihn ab.

4 Ritzel abnehmen
Jetzt können Sie die Ritzel vom Freilaufkörper abnehmen.

5 Freilaufkörper säubern
Reinigen Sie den Freilaufkörper mit einem Lappen von Schmutz und altem Schmierstoff.

6 Freilaufkörper schmieren
Bringen Sie neues Fett oder Montagepaste auf den Freilaufkörper auf, bevor Sie die Ritzel wieder montieren. Das macht die Demontage beim Abziehen leichter und bildet einen Schutz vor Korrosion.

SRAM-12-fach-Kassetten bestehen aus einem Bauteil, und der Abziehmechanismus ist im Kassettenkörper integriert.

7 Ausrichtung Ritzel beachten
Prüfen Sie die korrekte Ausrichtung der Ritzel, bevor Sie die Kassette auf den Freilauf stecken. Ritzel von Shimano und SRAM haben eine breitere Positioniernase, Campagnolo-Ritzel haben eine Stufe in der Verzahnung.

8 Kassette montieren
Stecken Sie alle Ritzel in der richtigen Reihenfolge auf den Freilaufkörper. Das kleinste Ritzel besitzt meist eine Rändelung.

9 Verschlussring montieren
Schrauben Sie jetzt den Verschlussring gerade und mit der Hand im Uhrzeigersinn auf.

10 Verschlussring anziehen
Stecken Sie das passende Abziehwerkzeug in die Verzahnung des Verschlussrings, und ziehen Sie ihn mit 40 Nm fest.

Besonderheit SRAM
SRAM-12-fach-Kassetten können nur auf einen XDR-Freilaufkörper montiert werden. Die Kassette besteht aus einem Stück. Die Einheit zur Montage und Demontage ist im Kassettenkorpus integriert. Das Prinzip der Montage und Demontage ist aber wie bei zusammengesetzten Kassetten. Schmieren Sie den Freilaufkörper vor der Montage der Kassette mit Fett. Da das Gewinde während des Verschraubens nicht sichtbar ist, sollte man besondere Sorgfalt beim Aufschrauben der Kassette an den Tag legen und darauf achten, dass die Kassette genau winklig zur Nabe steht und man die ersten Gewindegänge leicht von Hand, ohne Hebel, aufschrauben kann. Ziehen Sie die Kassette anschließend mit 40 Nm fest.

6 Felgenbremsen

Stoppen und verzögern

Das Funktionsprinzip von Felgenbremsen hat sich seit Jahrzehnten nicht grundlegend geändert. Mit einfachen Bauteilen wie Seilzug, Hebelarmen und Gummibelägen halten sie die Stellung gegen die Konkurrenz aus dem Lager der hydraulischen Scheibenbremsen.

Durch optimierte Hebelverhältnisse lassen sich moderne Felgenbremsen fein dosieren.

Nach wie vor verzögern und stoppen auch mechanische Felgenbremsen an modernen Rennrädern. Seit dem Durchbruch der hydraulischen Scheibenbremsen vor ein paar Jahren haben sie zwar einen deutlich geringeren Anteil, aber ganz verdrängen werden die modernen Scheibenbremsen die mechanischen Felgenbremsen auf absehbare Zeit noch nicht. Das hat gute Gründe. Zum einen sind Felgenbremsen deutlich günstiger zu produzieren als Scheibenbremsanlagen und damit ein Preisargument bei Rennrädern der Einsteiger- und Mittelklasse. Aber auch im hochpreisigen und exklusiven Bereich der leichten und aerodynamischen Rennmaschinen sind Felgenbremsen noch lange nicht passé, wie die Rennerfolge bei allen drei Grand Tours im Jahr 2020 bewiesen. Hier kann die Felgenbremse vor allem wegen ihres Gewichtsvorteils punkten. Ein Scheibenbremssystem wird aufgrund massiverer Naben, größerer Bremshebel und der meist stählernen Bremsscheiben immer einige Gramm mehr wiegen als ein vergleichbares Felgenbremsensemble. Bei der Bremsperformance können die Felgenbremsen den Disc-Stoppern trotz ausgefeilter Belagmischungen und beschichteter Bremsflanken nicht ganz das Wasser reichen. Um bestmögliche Verzögerungswerte zwischen den Bremsbelägen einer Felgenbremse und der Bremsflanke auf dem Laufrad zu erzielen, sollten Sie ein wenig mit unterschiedlichen Bremsbelägen experimentieren. So gibt es spezielle Beläge für Carbonfelgen, für Alufelgen und für beschichtete Felgen. Auch für nasse Bedingungen gibt es Beläge die bei Regenfahrten besser greifen als Allround-Beläge. Falls ein Felgenhersteller bestimmte Bremsbeläge zur Verwendung vorgibt, befolgen Sie diesen Hinweis, andernfalls haben Sie bei einer Beschädigung der Felge eventuell keinen Gewährleistungsanspruch.

Reibungsarme Züge und Hüllen sind essenziell für sicheres und dosiertes Bremsen.

Einige Felgen haben auf der Bremsflanke Strukturen, welche die Reibungswerte vor allem bei Nässe verbessern, aber auch vor einer Überhitzung der Felgen und damit einem Überdruck im Reifen schützen. Durch eine Beschichtung oder Struktur verlängert sich meist auch die Haltbarkeit der Felge.

Schenken Sie bei der Radpflege auch den Bremsbelägen Beachtung. Laute Geräusche an der Felgenbremse können auf Fremdkörper in den Bremsbelägen hindeuten. Eingeschmolzene Steinchen oder herausgerissene Aluspäne aus der Felge erhöhen den Felgenverschleiß und müssen mit einem spitzen Werkzeug (z. B. kleiner Schraubendreher oder Zahnarztwerkzeug) vorsichtig entfernt werden.

Und auch die Bremsflanken der Felge danken Pflege mit längerer Haltbarkeit. Vor allem nach Regenfahrten sind sie mit Gummiabrieb und anderem Schmutz verunreinigt. Sie müssen dann mit Fahrradreiniger oder Spiritus gründlich gereinigt werden.

Die Dosierung der Bremskraft ist stark von der Leichtgängigkeit der Bremszüge abhängig. Achten Sie auf weich verlaufende Radien bei der Zugverlegung am Lenker und am Rahmen. Verwenden Sie beschichtete Seilzüge, und wechseln Sie die Züge regelmäßig aus. Spätestens wenn Sie das Gefühl haben, dass der Bremshebel nicht mehr ganz zurückgezogen wird, oder wenn ein spürbarer Widerstand im Zug ist, muss der Innenzug und wenn nötig auch die Bremszughülle gewechselt werden.

Belag wechseln und montieren

Bremsbeläge sind extrem wichtige Bauteile für die Fahrsicherheit. Je nach Belastung und äußeren Gegebenheiten nutzen sich Bremsbeläge unterschiedlich schnell ab. Deshalb sollten sie regelmäßig kontrolliert und rechtzeitig ersetzt werden, bevor sie ganz verschlissen sind. Der Austausch ist nicht schwierig, trotzdem gibt es einige Punkte zu beachten.

1

2

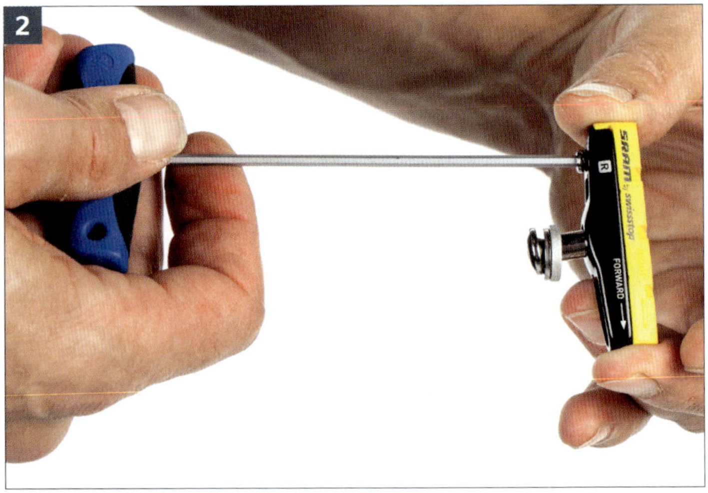

3

1 Bremsschuh abschrauben
Schrauben Sie den Bremsschuh mit der Befestigungsschraube von der Bremszange ab. Merken Sie sich die Zusammensetzung der Unterlegscheiben.

2 Sicherungsschraube lösen
Schrauben Sie die Sicherungsschraube für den Bremsbelag so weit aus dem Bremsschuh, bis Sie den Bremsbelag leicht herausschieben können.

3 Neuen Bremsbelag einsetzen
Führen Sie den neuen Bremsbelag in den Bremsschuh ein. Achten Sie dabei auf die richtige Seitenzuordnung. Drehen Sie dann die Sicherungsschraube wieder ein, und schrauben Sie den Bremsschuh wieder an den Schenkel der Bremszange.

4 Höhe ausrichten
Richten Sie bei gelöster Befestigungsschraube die Höhe des Bremsbelags so aus, dass ca. 1 mm der Bremsflanke gleichmäßig oberhalb des Bremsbelags sichtbar ist und der Bremsbelag keinesfalls den Reifen berührt. Halten Sie dabei den Bremshebel leicht gezogen, damit der Bremsschuh nicht mehr verrutschen kann.

5 Festziehen
Ziehen Sie bei noch gelöster Befestigungsschraube die Bremse am Bremshebel so an, dass sich der Bremsbelag flächig auf der Bremsflanke anlegen kann. Schrauben Sie dann die Befestigungsschraube fest. Achten Sie darauf, dass sich während des Festziehens der Bremsschuh nicht mehr verzieht.

Einstellhilfe
Oft kann man quietschende Bremsen vermeiden, indem man die Bremsbeläge leicht V-förmig zur Bremsflanke einstellt. Richten Sie die Bremsbeläge so aus, dass sie in Fahrtrichtung gesehen mit den vorderen Enden zuerst auf die Felge treffen. Beim Einstellen kann ein 1–2 mm dickes Stück Pappe oder ein gefaltetes Papier gute Dienste leisten. Klemmen Sie es unter das hintere Ende des Bremsbelags, bevor Sie die Schraube anziehen.

Zugspannung einstellen

Am Beispiel einer SRAM-DirectMount-Bremse zeigen wir hier die Einstellung des Bremszugs. Shimano-Felgenbremsen haben eine ganz ähnliche Funktionsweise. Von der Zugspannung des Bremszugs hängen die Dosierbarkeit und der Druckpunkt einer Felgenbremse ab. Alle Bremszangen verfügen über eine Einstellschraube, mit der die Zugspannung feinjustiert werden kann. An den meisten Bremszangen befindet sich zudem ein Schnellverschluss, der im geöffneten Zustand das Ausbauen des Laufrads erleichtert. Während der Fahrt muss der Schellspannhebel geschlossen sein.

1 Schnellspannhebel schließen
Bringen Sie den Schnellspannhebel in die geschlossene Position, bevor Sie mit der Einstellung der Bremszugspannung beginnen.

2 Bremszug lösen
Lösen Sie die Klemmschraube des Bremszugs am Bremsschenkel.

3 Einstellschraube zurückdrehen
Schrauben Sie die Schraube zur Zugregulierung zunächst ganz ein, und drehen Sie sie dann ca. eine Umdrehung wieder heraus, um Justiermöglichkeit in beide Richtungen zu haben.

4 Bremszug klemmen
Drücken Sie die Bremsschenkel zusammen, und klemmen Sie den Bremszug an der Klemmschraube mit 5 Nm. Achten Sie dabei darauf, dass der Bremszug in der dafür vorgesehenen Nut läuft

5 Bremsdruckpunkt einstellen

Justieren Sie nun mit der Einstellschraube die Zugspannung so, dass der Abstand zwischen Bremsbelag und Bremsflanke auf jeder Seite ca. 1–2 mm beträgt. Prüfen Sie dann, ob der Druckpunkt Ihren Erwartungen entspricht. Achten Sie darauf, dass die Bremse spätestens nach der Hälfte des Hebelwegs gut greift und genügend Sicherheitsreserve bis zum Hebelanschlag bleibt. Falls der Druckpunkt zu hart ist, schrauben Sie die Zugeinstellschraube im Uhrzeigersinn ein, oder lösen Sie die Zugklemmung noch mal und lassen Sie etwas Bremszug nach.

6 Bremse zentrieren

Mit der 2,5-mm-Innensechskantschraube oben auf dem hinteren Bremsschenkel hat man nun die Möglichkeit, die Bremse exakt mittig zu zentrieren, sodass der Abstand auf beiden Seiten genau gleich ist.

Bremse zentrieren bei Campagnolo und SRAM

Bremsen von Campagnolo und SRAM mit nur einem Befestigungsbolzen können mit einem 13-mm-Gabelschlüssel mittig zentriert werden.

Griffweite einstellen

Unterschiedlich große Hände und unterschiedliche Einsätze erfordern unterschiedliche Griffweiteneinstellungen. Alle Hersteller bieten die Möglichkeit, den Bremsgriff mit nahem oder weitem Abstand vom Lenker einzustellen. Welche Position für Sie optimal ist, lässt sich nur durch Ausprobieren herausfinden.

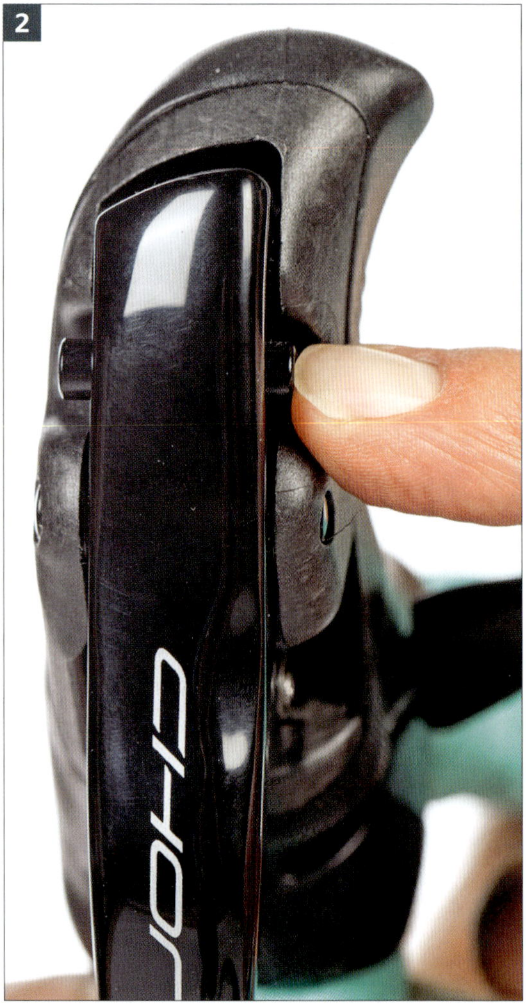

1 Shimano
Die Griffweiteneinstellschraube liegt bei Shimano an der Hinterseite des Bremsschaltgriffs. Mit einem 2-mm-Innensechskantschlüssel wird der Abstand zwischen Lenker und Bremsgriff eingestellt.

2 Campagnolo
Bei Campagnolo wird die Griffweite am Bremsgriff mit einem verschiebbaren Bolzen geregelt. Es gibt drei Griffweiten:
Bolzen mittig: mittlere Griffweite
Bolzen nach außen verschoben: große Griffweite
Bolzen nach innen verschoben: kleine Griffweite

3 SRAM-Schalthebel

An mechanischen SRAM-Bremsschalthebeln kann die Griffweite an Schalt- und Bremshebel unabhängig voneinander eingestellt werden. Der Schalthebel muss immer zuerst eingestellt werden, um keine Überschneidung zu haben. Die Griffweite des Schalthebels wird mit einem 2,5-mm-Innensechskantschlüssel verstellt. Über einen Exzenter kann der Schalthebel in vier verschiedene Einstellungen gebracht werden.

4 SRAM-Bremshebel

Die Griffweite des Bremshebels kann stufenlos mit einem 2,5-mm-Innensechskantschlüssel an der Rückseite des Bremsgriffs eingestellt werden. Dreht man im Uhrzeigersinn, wird die Griffweite kleiner, dreht man gegen den Uhrzeigersinn, wird die Griffweite größer.

7 Hydraulische Scheibenbremsen

Disco-Tech

Spätestens ab dem Modelljahr 2018 haben sich auch am Rennrad hydraulische Scheibenbremsen in breitem Stil etabliert. Seitdem dominieren sie anteilsmäßig auf dem Bremssektor, und Felgenbremsen sind deutlich weniger vertreten.

Hydraulische Scheibenbremsen ermöglichen eine fein dosierte Verzögerung und kraftvolles Bremsen.

Wie schon am Mountainbike, konnte sich die Scheibenbremse innerhalb kürzester Zeit auch am Rennrad durchsetzen. Die Vorteile liegen auf der Hand. So liefert eine Scheibenbremse im Nassen weitgehend dieselben Verzögerungswerte wie unter trockenen Umständen. Das kann eine Felgenbremse nicht. Hier ist vor allem bei Carbonbremsflanken ein deutlich längerer Bremsweg einzuberechnen, wenn die Verhältnisse nass sind. Ein weiterer Vorteil der Scheibenbremsen ist, dass bei der Konstruktion der Felgenringe die Bremsoberfläche nicht mehr berücksichtigt werden muss und somit sowohl aerodynamisch als auch im Bezug auf Belastungskräfte eine wesentlich optimalere Formgebung möglich ist. Auch die Überhitzung von Felgen durch übermäßiges Bremsen ist bei Scheibenbremsen kein Thema mehr. Diesen Vorteilen stehen ein etwas höheres Gewicht und eine aufwendigere Wartung und Einstellung gegenüber.

Hydraulische Scheibenbremsen der meisten Hersteller arbeiten nach dem gleichen Prinzip: Ein Geberkolben mit Reservoir am Bremshebel pumpt bei Betätigung des Bremshebels Mineralöl oder Bremsflüssigkeit durch die Bremsleitung zur Bremszange. Dort werden zwei gegenüberliegende Kolben, auf denen sich die Bremsbeläge befinden, herausgefahren und drücken mit relativ großer Kraft die Bremsbeläge gegen die Bremsscheibe.

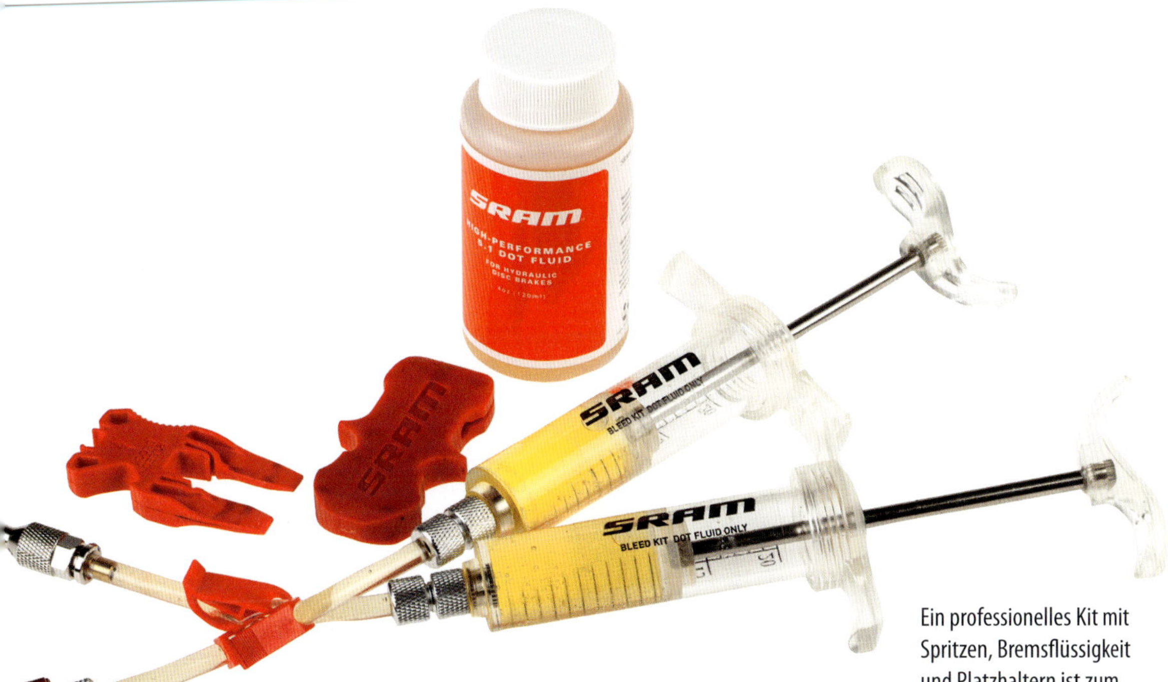

Ein professionelles Kit mit Spritzen, Bremsflüssigkeit und Platzhaltern ist zum Entlüften von hydraulischen Bremsen unentbehrlich.

Beim Loslassen des Bremshebels ziehen sich die Kolben und damit die Bremsbeläge wieder von der Bremsscheibe zurück. Da die Rückstellkräfte nur über die Verformung rechteckiger Gummidichtungen (Quadring) arbeiten, ist es wichtig, dass die Bremskolben sehr leichtgängig sind. Das kann durch Sauberhalten und gelegentliches Schmieren der Kolben gewährleistet werden. Wichtig für einen optimalen Druckpunkt am Bremshebel ist, dass die Flüssigkeit (Öl oder Bremsflüssigkeit) im System möglichst frei von Luftblasen ist. Spätestens wenn sich das Bremsen diffus anfühlt und sich kein definierter Druckpunkt mehr aufbaut, ist es Zeit, das System zu entlüften. Für diesen Vorgang ist ein Entlüftungskit des jeweiligen Herstellers notwendig. Es besteht neben der Bremsflüssigkeit (SRAM) oder Mineralöl (Shimano, Campagnolo) aus Spritzen oder Gefäßen mit den entsprechenden Anschlüssen, um die Flüssigkeit in das System hineinzudrücken bzw. die Flüssigkeit wieder aufzufangen. Auch Kunststoffteile als Platzhalter für die während des Entlüftungsvorgangs entfernten Bremsbeläge gehören meist zum Lieferumfang eines Entlüftungskits.

ACHTUNG: Verwenden Sie in SRAM-Bremssystemen ausschließlich DOT-Bremsflüssigkeit mit der Bezeichnung 5.1 und in Shimano- und Campagnolo-Bremssystemen ausschließlich Mineralöl. Die Verwendung der falschen Flüssigkeit kann zum Totalausfall des Bremssystems führen!

Bremsbeläge wechseln

Bremsbeläge an Scheibenbremsen halten meist etwas länger als Felgenbremsbeläge, trotzdem müssen sie regelmäßig kontrolliert und rechtzeitig ausgetauscht werden. Aber auch beim Entlüften müssen die Bremsbeläge entfernt werden, um sie vor überlaufendem Öl oder Bremsflüssigkeit zu schützen. Exemplarisch zeigen wir hier einen Belagwechsel an einer SRAM-Bremse; bei Shimano und Campagnolo sind die Arbeitschritte aber sinngemäß gleich.

1 Laufrad ausbauen
Schrauben Sie die Steckachse aus der Gabel, und entnehmen Sie das Laufrad.

2 Beläge zurückdrücken
Drücken Sie die alten Bremsbeläge mit einem Keil oder einem breiten Schraubendreher ganz zurück.

3 Sicherungssplint entfernen
Entfernen Sie den Sicherungssplint vom Sicherungsbolzen.

Spezielle Hilfswerkzeuge der Hersteller machen das Wechseln der Bremsbeläge einfach.

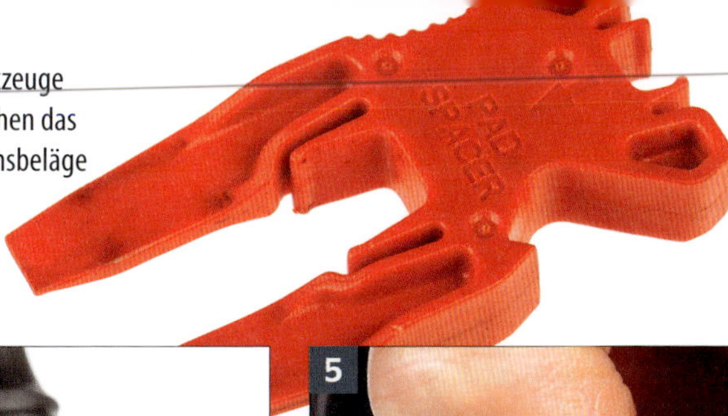

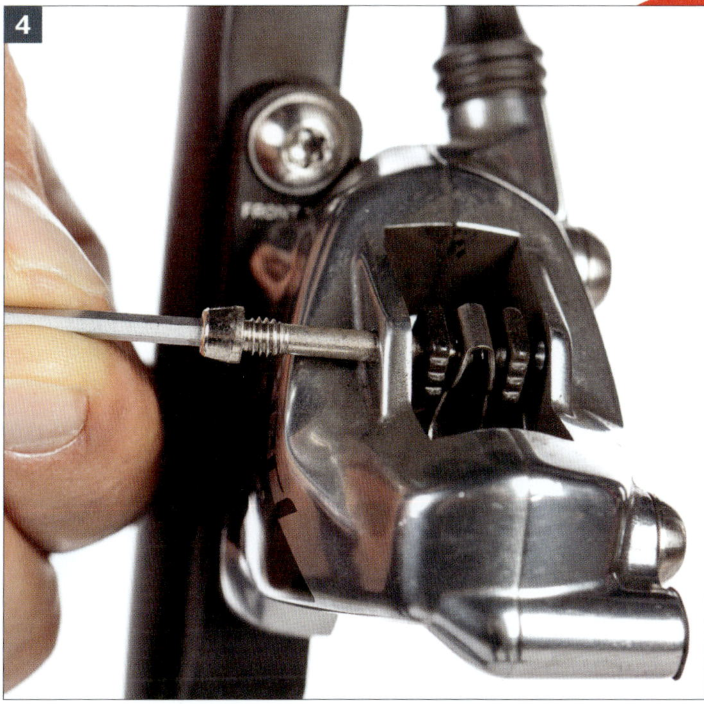

4

5

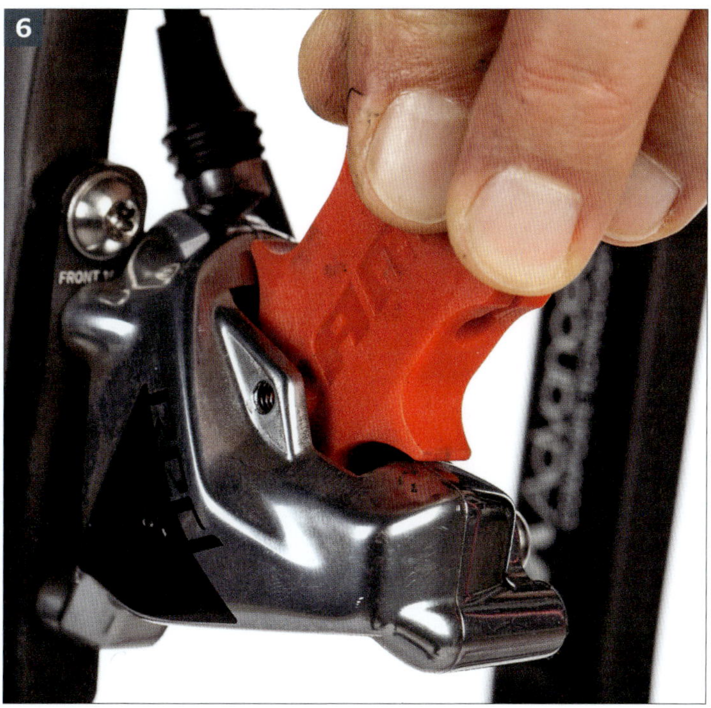

6

4 Bolzen herausschrauben
Schrauben Sie den Sicherungsbolzen heraus.

5 Beläge entnehmen
Greifen Sie die Bremsbeläge und die Rückstellfeder möglichst als ein Päckchen, und ziehen Sie es nach oben heraus.

6 Bremszylinder zurückdrücken
Drücken Sie die Bremszylinder vorsichtig mit einem breiten Werkzeug oder Platzhalter noch mal ganz zurück.

7 Rückstände entfernen
Reinigen Sie die Innenseite der Bremszange von Bremsstaub und Schmutz, bevor Sie die neuen Beläge wieder einsetzen.

8 Neue Beläge vorbereiten
Setzen Sie die neuen Beläge und die Rückstellfeder ineinander, und drücken Sie das Päckchen zusammen.

9 Bremsbeläge einsetzen
Setzen Sie das zusammengedrückte Päckchen von oben in den Bremssattel ein.

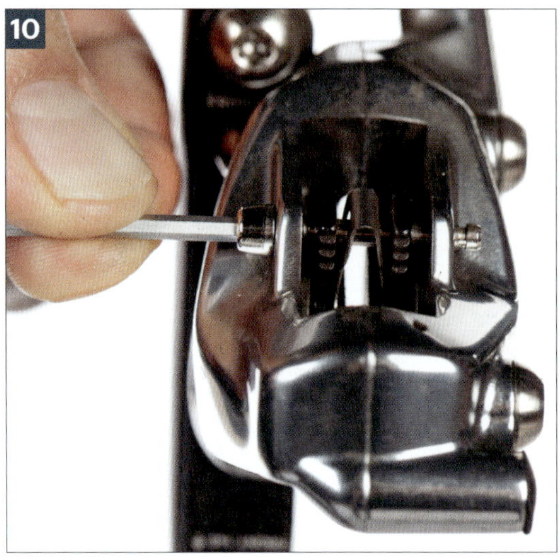

10 Sicherungsbolzen einschrauben
Setzen Sie den Sicherungsbolzen wieder durch die vorgesehenen Bohrungen ein, und verschrauben Sie ihn.

Halten Sie Bremsbeläge immer fern von Öl und Bremsflüssigkeit.

11 Sicherungssplint einsetzen
Bringen Sie den Sicherungssplint wieder auf dem Sicherungsbolzen an.

Bremskolben reaktivieren
Hängt einer der beiden Bremskolben im Bremssattel und zieht sich nicht mehr ausreichend zurück, arbeitet die Bremse nur einseitig. Die Folge ist, dass die Bremse schleift und sich der Druckpunkt undefiniert anfühlt. Meist ist hier ein verschmutzter Bremskolben die Ursache. Entnehmen Sie zum Säubern die Bremsbeläge wie beschrieben, und reinigen Sie dann den Bremssattel mit Reiniger und Wasser. Trocknen Sie den Bremssattel mit einem Lappen.
Fahren Sie dann mit dem Bremshebel die Bremskolben vorsichtig und gleichmäßig nicht weiter als 2–3 mm aus.
Träufeln oder tupfen Sie dann etwas Mineralöl bei Shimano und Campagnolo bzw. DOT-Bremsflüssigkeit bei SRAM auf die Flanken der Kolben, und drücken Sie sie dann vorsichtig und parallel mit einem Abstandshalter oder einem Stück Holz wieder ganz in das Gehäuse zurück. Jetzt können Sie die Bremsbeläge wieder einsetzen.

Bremse einstellen

Bei Scheibenbremsen ziehen sich die Bremsbeläge nur wenige Zehntelmillimeter von der Bremscheibe zurück. Deshalb muss die Einstellung der Bremszange sehr präzise erfolgen, wenn die Bremse nicht schleifen soll. Geduld und Feingefühl sind gefragt.

1

2

3

1 Befestigungsschrauben lösen
Lösen Sie die Befestigungsschrauben der Bremse gerade so weit, dass sich der Bremssattel leicht hin- und herbewegen kann.

2 Bremszange ausmitteln
Ziehen Sie die Bremse, und halten Sie sie gezogen. Schrauben Sie dann die Befestigungsschrauben leicht an.

3 Bremsbeläge zentrieren
Kontrollieren Sie über den Lichtspalt die Abstände links und rechts der Bremsbeläge. Justieren Sie den Abstand durch abwechselndes Lösen und Verschieben so lange, bis die Bremsscheibe genau mittig zwischen den Belägen steht. Ein weißes Blatt Papier im Hintergrund hilft, die Abstände besser zu erkennen. Ziehen Sie zuletzt die Befestigungsschrauben wieder fest, und kontrollieren Sie noch mal den mittigen Lauf.

Bremsgeräusche eliminieren

Scheibenbremsen können nervtötende Geräusche von sich geben. Die Ursachen dafür sind vielfältig.
Ein paar Tipps, wie Sie die Bremse wieder ruhigstellen können, finden Sie hier.

1 Beläge verschlissen
Unebene, zerkratzte, mechanisch oder chemisch verschmutzte Beläge machen oft Geräusche. Hier sollten die Beläge gegen neue ausgetauscht werden.

2 Oberfläche anschmirgeln
Manchmal hilft es, eine zerkratzte oder verschmutzte Bremsfläche mit Schmirgelleinen wieder eben und sauber zu schmirgeln. Achtung: Atmen Sie den Schleifstaub nicht ein.

3 Kanten anfeilen
Brechen Sie die Kanten des Belags mit einer Feile so, dass eine kleine Fase entsteht. Das kann Vibrationen und damit Geräuschbildung verhindern.

4 Scheibe ausrichten
Leicht verbogene Bremsscheiben können mit einem Richtwerkzeug wieder gerade gebogen werden. Gehen Sie dabei sehr gefühlvoll und in kleinen Schritten vor.

5 Scheibe entfetten
Fett, Öl und Straßenschmutz vermindern die Bremsleistung und können die Bremsbeläge unbrauchbar machen. Reinigen Sie die Bremsscheibe deshalb regelmäßig mit Bremsenreiniger und einem Lappen.

Bremsscheibe wechseln

Auch beim Bremsen mit Scheibenbremsen entsteht Verschleiß an Belägen und Bremsscheibe. Deshalb muss eine Scheibe gewechselt werden, wenn sie eine Mindeststärke unterschreitet oder zu stark verbogen ist. Der Austausch von Bremsscheiben ist einfach.

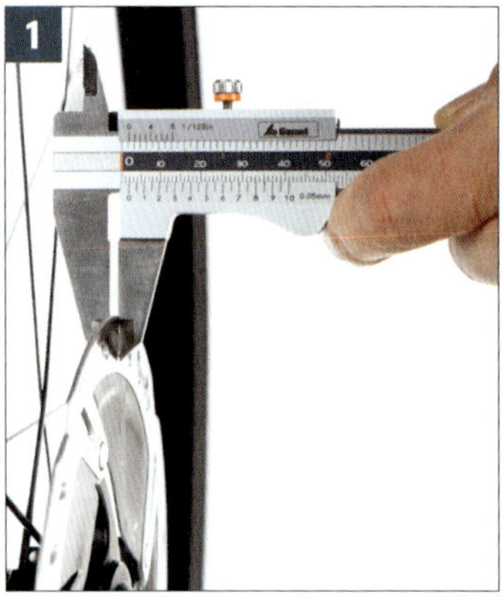

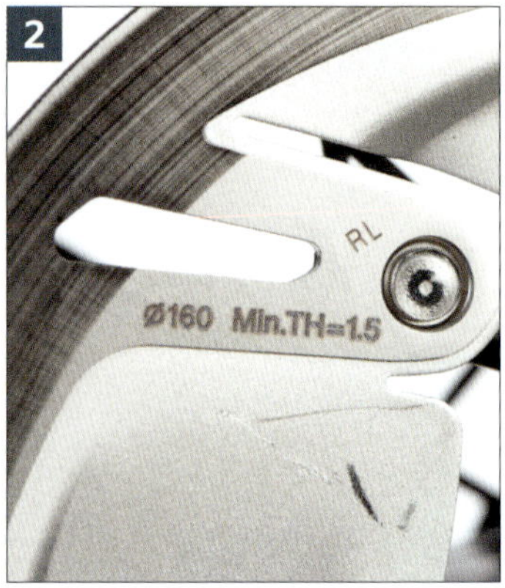

1 Bremsscheibenstärke messen
Messen Sie die Stärke der Bremsscheibe präzise mit einem Messschieber.

2 Mindeststärke beachten
Informieren Sie sich über die Angaben des Herstellers zur Mindeststärke der Bremsscheibe. Meist ist eine Mindeststärke von 1,5 mm notwendig. Ersetzen Sie die Bremsscheibe, wenn das angegebene Maß unterschritten wird.

Centerlock-Bremsscheiben

1 Befestigungsring lösen
Halten Sie das Laufrad fest, und setzen Sie das Abziehwerkzeug (z. B. Park Tool FR-5 G und FRW-1) am Befestigungsring an. Lösen Sie dann durch Schrauben gegen den Uhrzeigersinn den Befestigungsring der Bremsscheibe.

2 Befestigungsring abschrauben
Schrauben Sie den Befestigungsring ganz heraus, und ziehen Sie die Bremsscheibe nach vorn von der Verzahnung ab. Die Montage erfolgt in umgekehrter Richtung.

Zerkratzte oder verbogene Bremsscheiben erreichen nicht mehr die maximale Bremsleistung und neigen zu Geräuschentwicklung.

6-Loch-Bremsscheiben

1 Befestigungsschrauben lösen
Schrauben Sie die sechs Befestigungsschrauben der Bremsscheibe ganz aus dem Nabenkörper heraus, und nehmen Sie die Bremsscheibe ab. Am häufigsten kommen hier Torx-T25-Schrauben zum Einsatz.

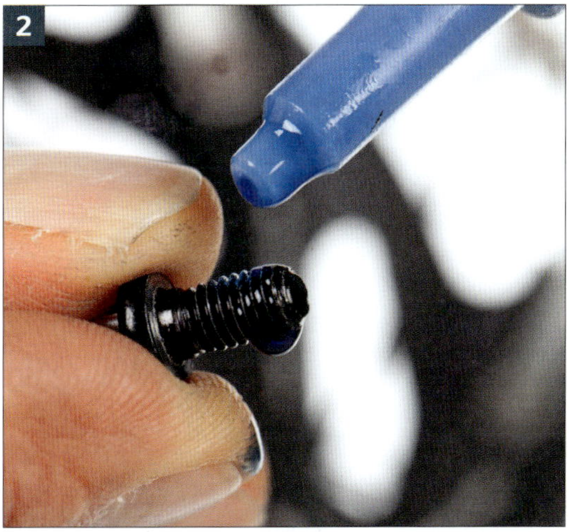

2 Schraubensicherungskleber verwenden
Beträufeln Sie vor dem Einschrauben die sechs Befestigungsschrauben der neuen Bremsscheibe mit Schraubensicherungskleber. So verhindern Sie, dass sich die Schrauben von selbst lösen. Ziehen Sie die Schrauben nun abwechselnd über Kreuz an.

Shimano-Bremse entlüften

Hier wird der Entlüftungsvorgang beschrieben, der notwendig ist, wenn der Druckpunkt der Bremse leicht nachgelassen hat oder man einen noch definierteren Druckpunkt haben möchte. Man benötigt dafür das Shimano-Entlüftungskit, das aus dem Öltrichter mit passendem Adapter, einem Auffangbehälter mit Schlauch und Mineralöl zum Befüllen besteht.

1

2

3

1 + 2 Bremsbeläge entnehmen
Entfernen Sie zunächst die Bremsbeläge, wie auf Seite 120 beschrieben, und setzen Sie das Entlüftungszwischenstück bzw. den Platzhalter ein.

3 Öltrichter aufschrauben
Entfernen Sie die Entlüftungsschraube am Schaltbremsgriff mit einem Innensechskantschlüssel. Schrauben Sie den Öltrichter mit dem Trichteradapter als Zwischenstück in die Entlüftungsöffnung.

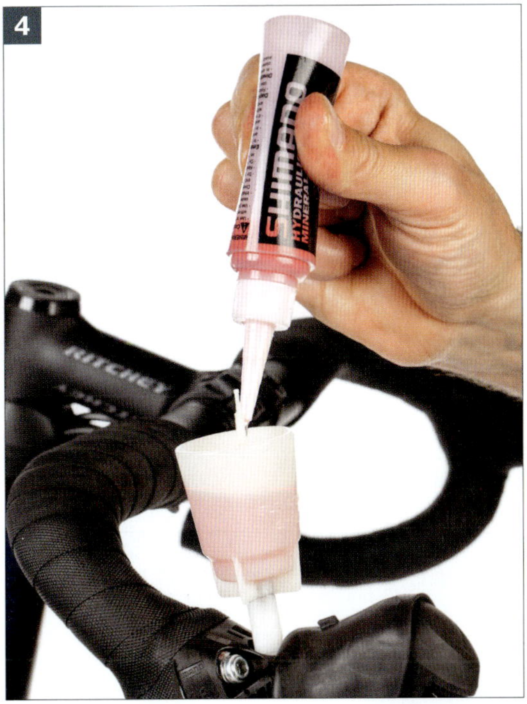

4 Öltrichter befüllen

Befüllen Sie danach den Öltrichter bis knapp unter den Rand mit Öl.

5 Öl nachpumpen

Betätigen Sie den Bremshebel jetzt mehrere Male vorsichtig, ziehen Sie ihn zuerst zur Hälfte, dann bis zum Anschlag durch. Jetzt sollten kleine Luftbläschen im Trichter aufsteigen. Wiederholen Sie das Bremshebelziehen, bis keine Luftbläschen mehr aufsteigen. Jetzt sollte bereits ein definierter Druckpunkt spürbar sein. Falls der Druckpunkt noch nicht hart genug ist, fahren Sie wie folgt fort.

6 Auffangbehälter an Bremszange anbringen

Verschließen Sie den Auslauf des Öltrichters mit dem Stößel. Bringen Sie an dem Entlüftungsnippel des Bremssattels den Ablaufschlauch und ein Auffanggefäß oder eine Tüte an. Öffnen Sie dann wieder den Stößel im Trichter.

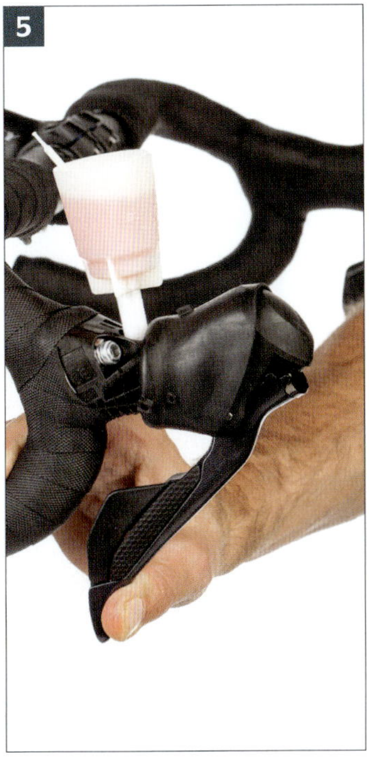

7 System öffnen und durchspülen

Öffnen Sie den Entlüftungsnippel mit einem 7-mm-Gabelschlüssel ca. eine Umdrehung. Das Öl mit Luftblasen tropft oder fließt jetzt aus dem Schlauch in das Auffanggefäß. Drehen Sie während dieses Vorgangs den Bremssattel vorsichtig so, dass sich der Bremsnippel am höchsten Punkt befindet, und lassen Sie in dieser Position das Öl durchtropfen oder fließen, bis sich keine Blasen mehr im Öl befinden.
Achtung: Beenden Sie diesen Prozess auf jeden Fall, solange noch etwas Öl im Trichter ist, oder kippen Sie während des Prozesses Öl in den Trichter nach, bevor er leer ist.

8 Bremszange wieder verschließen

Verschließen Sie den Entlüftungsnippel an der Bremszange wieder mit dem 7-mm-Gabelschlüssel. Entfernen Sie den Schlauch und das Auffanggefäß. Säubern Sie nun die Bremszange sorgfältig mit Spiritus oder Bremsenreiniger von übergelaufenem Öl.

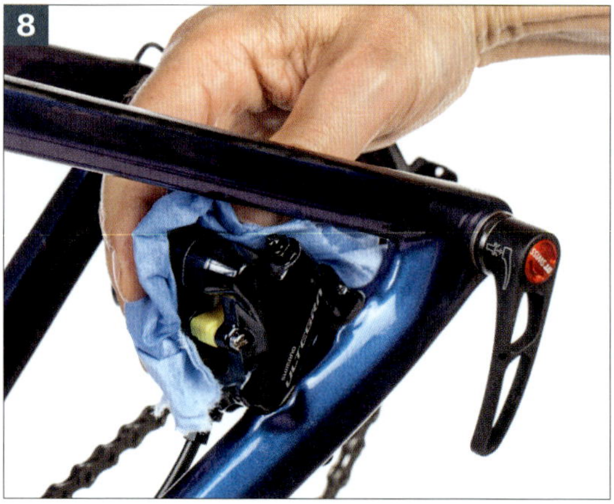

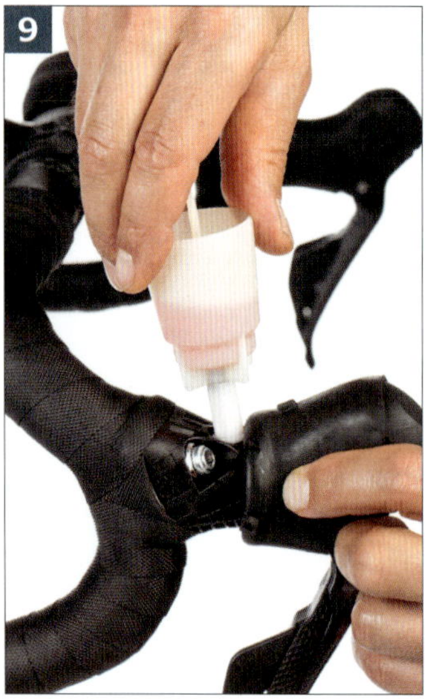

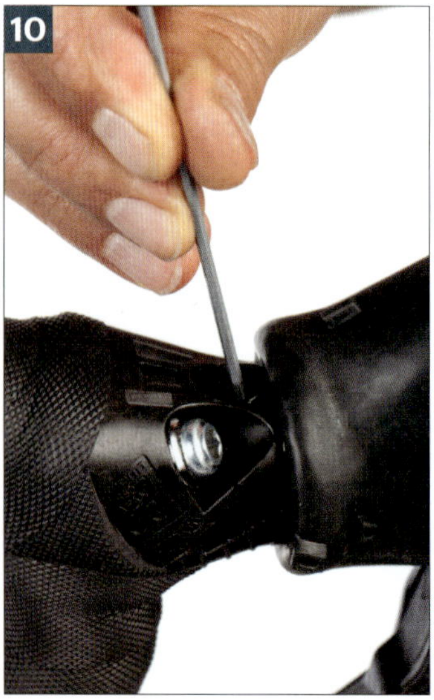

9 Öltrichter abschrauben

Verschließen Sie den Öltrichter wieder mit dem Stößel, und schrauben Sie dann den Öltrichter mit dem Adapter ab. Die Öffnung sollte danach randvoll mit Öl gefüllt sein. Tröpfeln Sie notfalls noch etwas Öl nach.

10 System verschließen

Verschließen Sie die Entlüftungsschraube am Schaltbremsgriff wieder mit einem Innensechskantschlüssel.
Achtung, Feingewinde! Der Gewinde-Einstieg ist manchmal schwierig zu finden. Drehen Sie die Entlüftungsschraube keinesfalls mit Gewalt ein!

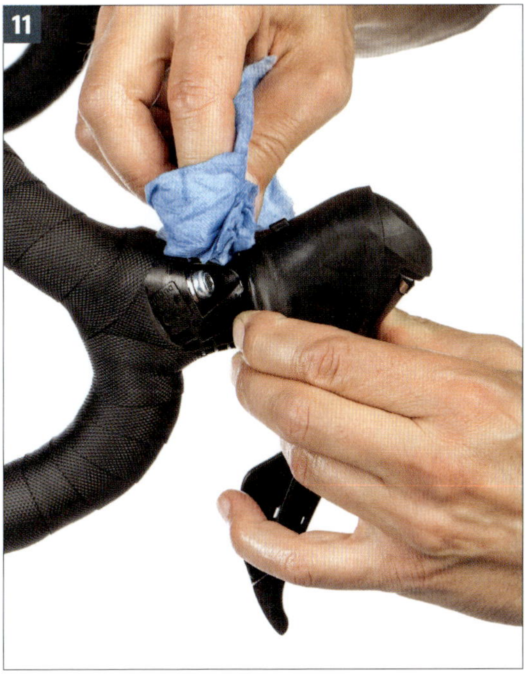

11 Schaltbremsgriff von Ölrückständen säubern
Säubern Sie den Schaltbremsgriff sorgfältig mit Alkohol oder Bremsenreiniger von übergelaufenem Öl.
Testen Sie jetzt, ob der Druckpunkt Ihren Erwartungen entspricht. Wenn dem so ist, entfernen Sie das Entlüftungszwischenstück bzw. den Platzhalter, setzen Sie die Bremsbeläge mit Rückstellfeder wieder ein und bringen Sie Sicherungsbolzen und Sicherungssplint wieder an. Anleitung siehe Seite 122. Wenn der Druckpunkt noch nicht Ihren Wünschen entspricht, wiederholen Sie Punkt 1–11.

Griffweite
An vielen Shimano-Bremsgriffen kann man die Griffweite einstellen. Die „richtige" Griffweite ist für jeden Fahrer verschieden, meist ist sie jedoch von der Handgröße abhängig bzw. von der Länge der Fingergelenke. Man sollte sowohl in der Bremsgriffhaltung als auch in der Unterlenkerhaltung gut und sicher an die Bremshebel greifen können, ohne nachfassen zu müssen. Meist benötigen Fahrer/innen mit kleinen Händen den Bremshebel etwas näher am Lenker, Fahrer/innen mit größeren Händen bevorzugen eine etwas größere Griffweite.

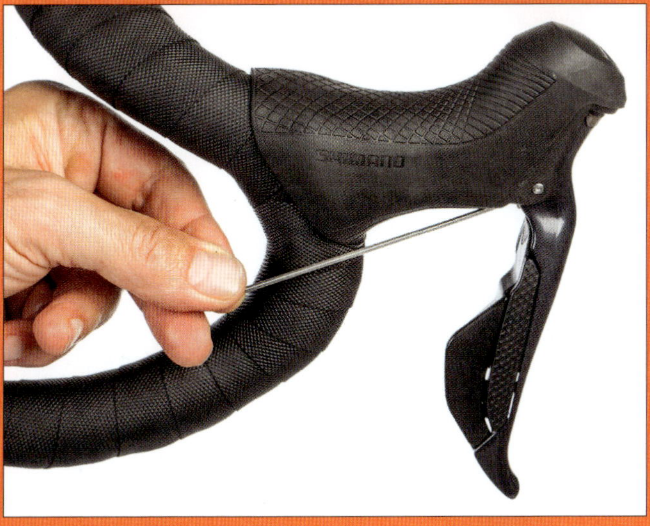

Zum Verstellen der Griffweite am Shimano-Di2-Bremsgriff benötigt man einen 2-mm-Innensechskantschlüssel mit Kugelkopf. Dreht man an der Einstellschraube an der Unterseite des Bremsgriffs gegen den Uhrzeigersinn, verkürzt sich die Griffweite, dreht man im Uhrzeigersinn, vergrößert sich die Griffweite.
Bei Shimano-GRX-Bremshebeln wird die Griffweite über eine 2,5-mm-Innensechskantschraube verstellt. Diese sitzt an der Außenseite des Bremsgriffs.

SRAM-Bremse entlüften

Wir zeigen hier das Entlüften eines hydraulischen Bremssystems an einer SRAM-eTap-AXS-Ausstattung. Bei SRAM ist der Entlüftungsvorgang gleich, egal ob Sie nur kleine Luftbläschen aus dem System entfernen oder ob Sie das gesamte System neu befüllen möchten.

1

2

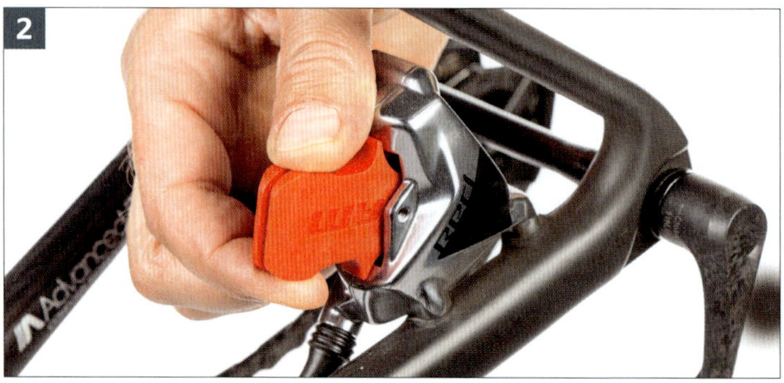

3

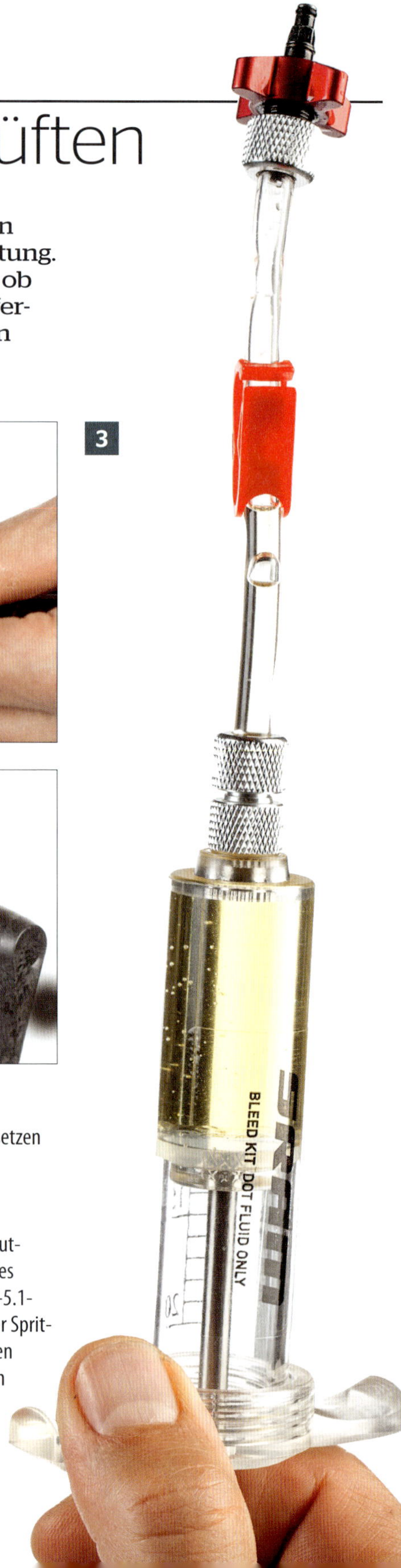

1 + 2 Bremsbeläge entfernen
Entfernen Sie zunächst die Bremsbeläge, wie auf Seite 120 beschrieben, und setzen Sie den Platzhalter ein.

3 Spritzen vorbereiten
Befüllen Sie die Spritze des Belüftungskits mit dem Gewinde am Einschraubstutzen zu etwa 1/3 mit DOT-5.1-Bremsflüssigkeit. Befüllen Sie dann die Spritze des Belüftungskits mit dem „Bleeding Edge"-Stutzen ungefähr zur Hälfte mit DOT-5.1-Bremsflüssigkeit. Zentrieren Sie die Luftbläschen durch vorsichtiges Kippen der Spritzen am Mittelpunkt der Spritze zum Schlauch hin, und drücken Sie die Bläschen dann vorsichtig aus dem Schlauch, bis sich nur noch Flüssigkeit in den Spritzen und den Schläuchen befindet. Wischen Sie übergelaufene Bremsflüssigkeit ab. Verschließen Sie dann die Spritzenschläuche mit den roten Clips.

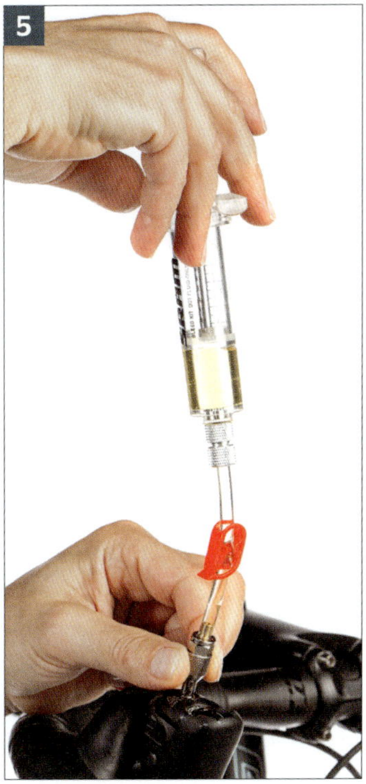

4 + 5 Spritze oben einschrauben

Entfernen Sie die Entlüftungsschraube am höchsten Punkt des Schaltbremsgriffs mit einem T10-Torxschlüssel, und schrauben Sie die Spritze des Belüftungskits mit dem Gewinde ein.

6 + 7 Spritze unten einschrauben

Lösen Sie mit einem 4-mm-Innensechskantschlüssel das Entlüftungsventil leicht an. Stecken Sie jetzt die Spritze des Belüftungskits mit dem „Bleeding Edge“-Stutzen fest in die „Bleeding-Edge“-Öffnung des Bremssattels. Man spürt ein leichtes Einrasten. Drehen Sie dann an der roten Handschraube etwa eine Umdrehung gegen den Uhrzeigersinn.

8 System öffnen

Öffnen Sie dann beide Schläuche mit den roten Clips. Das Bremssystem ist jetzt offen zum Entlüften.

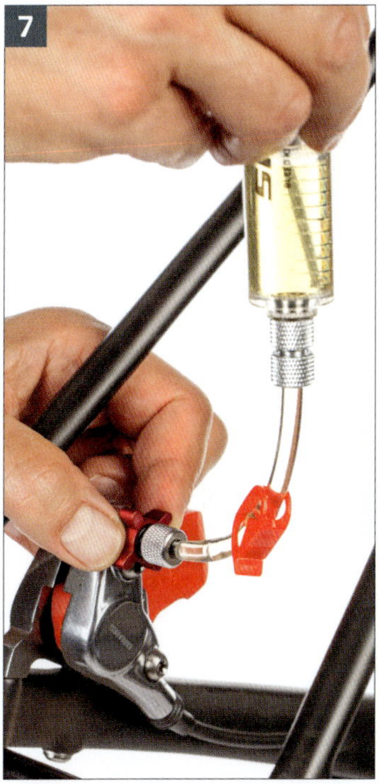

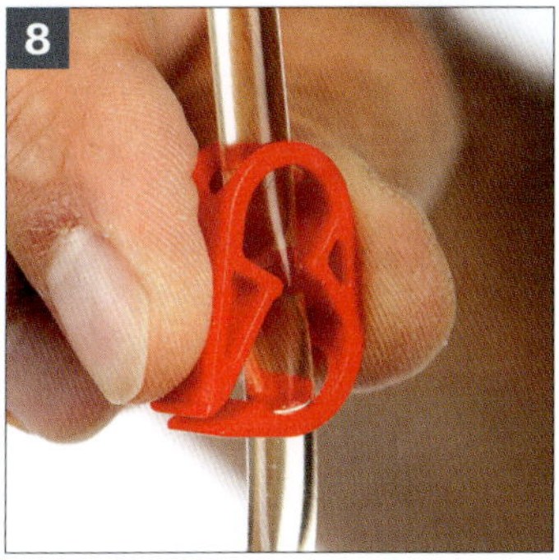

9 System durchspülen
Drücken Sie jetzt durch Betätigen der unteren Spritze an der Bremszange die Bremsflüssigkeit durch das System in die obere Spritze am Bremsgriff. Achten Sie dabei darauf, dass noch etwas Flüssigkeit in der unteren Spritze verbleibt. Drücken Sie dann die Bremsflüssigkeit wieder von der oberen Spritze zurück in die untere Spritze. Achten Sie dabei darauf, dass Sie die Spritze so halten, dass keine Luftbläschen mit in das System geschwemmt werden. Wiederholen Sie das Hin- und Herpumpen der Bremsflüssigkeit so lange, bis keine austretenden Luftbläschen mehr in den Schläuchen sichtbar sind. Nun sollen beide Spritzen ungefähr zur Hälfte mit Bremsflüssigkeit gefüllt sein.

10 Bremszange und Leitung entlüften
Ziehen Sie jetzt den Bremsgriff ganz durch, und halten Sie ihn gezogen oder sichern Sie ihn z. B. mit einem Gummiring. Ziehen Sie dann sehr vorsichtig ein kleines Vakuum mit der unteren Spritze an der Bremszange. Lassen Sie eventuell noch austretende Luftbläschen bei gezogener Spritze langsam im Schlauch hochsteigen. Lösen Sie erst dann das Vakuum an der Spritze. Der nächste Schritt muss gleichzeitig erfolgen: Halten Sie die Spritze an der Bremszange unter leichtem Druck, und lösen Sie gleichzeitig langsam den Bremsgriff. Sie spüren jetzt ein Zurückfließen der Bremsflüssigkeit in den Bremszylinder am Bremsgriff.

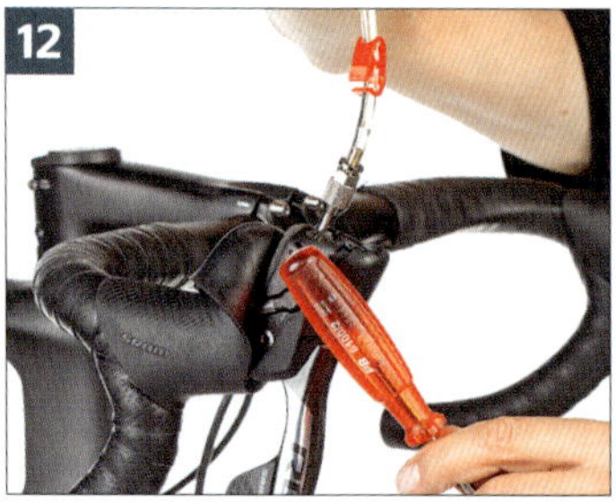

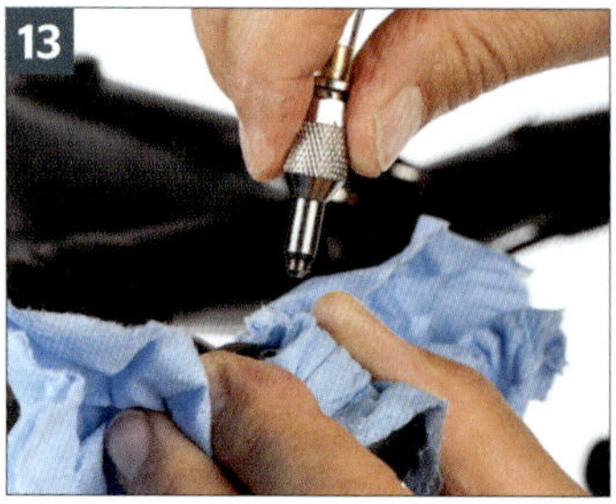

11 Spritze unten abschließen
Verschließen Sie dann die Spritze mit dem „Bleeding Edge"-Anschluss wieder mit dem Clip, und verschließen Sie durch Drehen der roten Handschraube im Uhrzeigersinn das System an der Bremszange. Ziehen Sie jetzt den Anschluss an der Bremszange heraus.

12 Bremshebel entlüften
Geben Sie nun wiederholt leicht Druck auf die Spritze am Bremsgriff, und lösen Sie den Druck wieder. Klopfen Sie vorsichtig auf den Bremsgriff, und lassen Sie ihn etwas schnalzen, solange bis beim Drücken und Loslassen der Spritze keine Luftbläschen mehr aufsteigen.

13 Spritze oben abschließen
Verschließen Sie die Spritze mit dem roten Clip, und schrauben Sie die Spritze vorsichtig aus dem Bremsgriff heraus. Legen Sie dabei um die Entlüftungsöffnung einen saugfähigen Lappen, um möglichst wenig Bremsflüssigkeit auf dem Bremsgriff zu verschütten.

14 Entlüftungsschraube einschrauben
Schrauben Sie nun die Entüftungsschraube wieder ein. Achten Sie darauf, dass das System randvoll mit Bremsflüssigkeit ist. Säubern Sie nun den Bremsschalthebel und die Bremszange sorgfältig mit Alkohol oder Wasser von übergelaufener Flüssigkeit. Testen Sie jetzt, ob der Druckpunkt Ihren Erwartungen entspricht. Wenn dem so ist, setzen Sie die Bremsbeläge mit Rückstellfeder wieder ein, wie auf Seite 122 beschrieben. Wenn der Druckpunkt noch nicht Ihren Wünschen entspricht, wiederholen Sie Punkt 1–14.

Griffweite und Druckpunkt

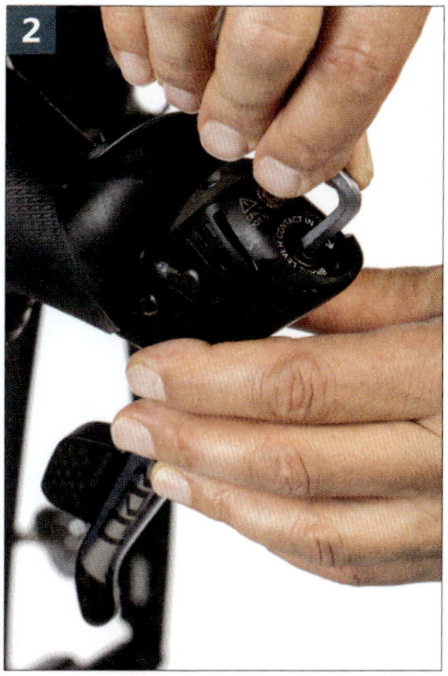

2 Leerweg einstellen
Bei hydraulischen SRAM-AXS-Bremssystemen lässt sich nicht die Härte des Druckpunkts, sondern der Leerweg des Bremshebels bis zum Kontaktpunkt der Bremsbeläge einstellen. Dazu wird der obere Teil des Griffgummis zurückgerollt. Die 5-mm-Innensechskantschraube befindet sich an der Oberseite des Griffkörpers. Durch Drehen gegen den Uhrzeigersinn verlagert sich der Kontaktpunkt nach außen, durch Drehen im Uhrzeigersinn wandert der Kontaktpunkt nach innen.

1 Griffweite einstellen
Zum Verstellen der Griffweite eignet sich am besten ein 2,5-mm-Innensechskantschlüssel mit Kugelkopf. Dreht man an der Einstellschraube an der Unterseite des Bremsgriffs im Uhrzeigersinn, verkürzt sich die Griffweite, dreht man gegen den Uhrzeigersinn, vergößert sich die Griffweite.

Ergonomie
Man kann an allen SRAM-Bremsschaltgriffen die Griffweite einstellen. Die „richtige" Griffweite ist für jeden Fahrer verschieden, meist ist sie jedoch von der Handgröße abhängig bzw. von der Länge der Fingergelenke. Man sollte sowohl in der Bremsgriffhaltung als auch in der Unterlenkerhaltung gut und sicher an die Bremshebel greifen können, ohne nachfassen zu müssen. Meist benötigen Fahrer/innen mit kleinen Händen den Bremshebel etwas näher am Lenker, Fahrer/innen mit größeren Händen bevorzugen eine etwas weitere Griffweite.

Campagnolo-Bremse entlüften

Campagnolo-Bremssysteme werden mit Mineralöl befüllt. Man benötigt zum Entlüften das Original-Campagnolo-Entlüftungskit mit den passenden Anschlüssen für Bremshebel und Bremszange. Hält man sich genau an die Abfolge der einzelnen Arbeitsschritte, ist das Entlüften eine relativ unproblematische Aufgabe.

1 Griffweite in Position „S“
Stellen Sie am Hebel die Griffweiteneinstellung mit einem 2,5-mm-Innensechskantschlüssel in Position „S“.

2 + 3 Bremsbeläge entfernen
Entfernen Sie die Bremsbeläge, und setzen Sie einen Platzhalter ein, siehe Seite 120.

4 Entlüftungsschraube ausschrauben
Entfernen Sie die innere Schraube des Entlüftungsventils an der Bremszange mit einem 2,5-mm-Innensechskantschlüssel.

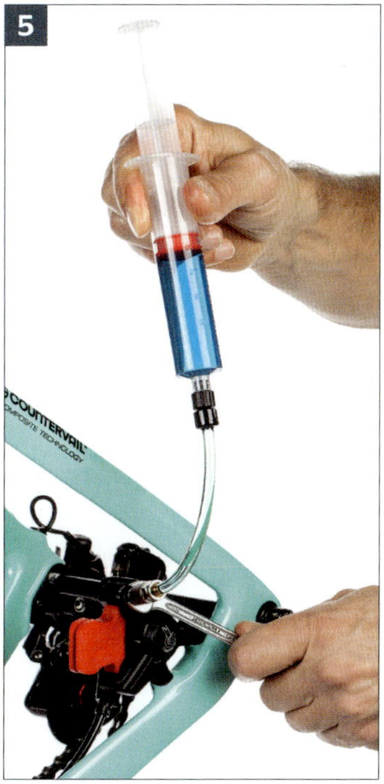

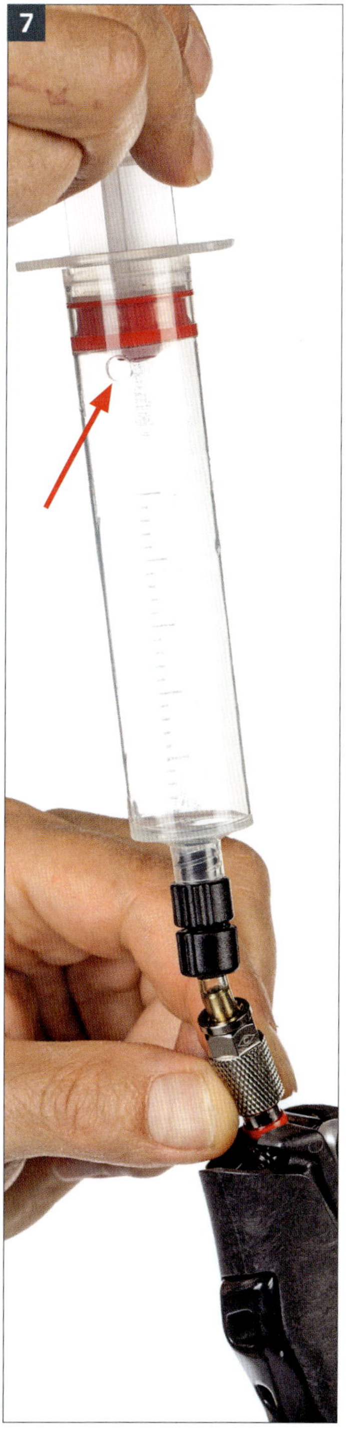

5 Spritze an Bremszange einschrauben
Befüllen Sie die Spritze ohne oberes Entlüftungsloch mit der längeren Leitung und dem M4-Gewinde mit ca. ¾ ihres Fassungsvermögens mit Campagnolo-Mineralöl, und schrauben Sie die Spritze am Entlüftungsventil fest. Öffnen Sie nun das Ventil, indem Sie die Mutter des Ventils mit einem 8-mm-Gabelschlüssel etwa eine halbe Umdrehung gegen den Uhrzeigersinn drehen.

6 Entlüftungsschraube am Bremsschalthebel ausschrauben
Klappen Sie jetzt den Griffgummi des Schalthebels zurück, und sichern Sie ihn wenn nötig mit einem Gummiring. Entfernen Sie dann die Entlüftungsschraube am Bremsschalthebel.

7 Spritze an Bremsschalthebel einschrauben
Schrauben Sie nun die leere Spritze mit der kurzen Leitung, dem M6-Gewinde und dem seitlichen Bohrloch in den Bremsschalthebel ein. WICHTIG: Der Spritzenkolben muss ganz ausgezogen sein, die Gummidichtung des Spritzenkolbens muss sich oberhalb des Entlüftungslochs befinden!

8 System durchspülen
Drücken Sie jetzt das Öl der unteren Spritze durch das System, bis die obere Spritze mindestens bis zur Hälfte mit Öl gefüllt ist. Belassen Sie auf jeden Fall etwas Öl in der unteren Spritze, um zu vermeiden, dass Luft in das System gepumpt wird. Falls das ausgetretene Öl in der oberen Spritze schon älter und schmutzig verfärbt ist, entfernen Sie es aus der oberen Spritze, und entsorgen Sie es fachgerecht und entsprechend den Bestimmungen. Füllen Sie dann die obere Spritze mit frischem Campagnolo-Mineralöl zu ca. 50 % ihres Fassungsvermögens wieder auf. Ziehen Sie dann mit der unteren Spritze das Öl wieder zurück, sodass noch eine kleine Menge in der oberen Spritze zurückbleibt. Wiederholen Sie diesen Druck- und Saugvorgang so lange, bis keine Luftbläschen mehr aus dem System austreten. Durch Betätigen und schnelles Loslassen des Bremshebels können noch letzte Luftbläschen aus dem System gelöst werden.

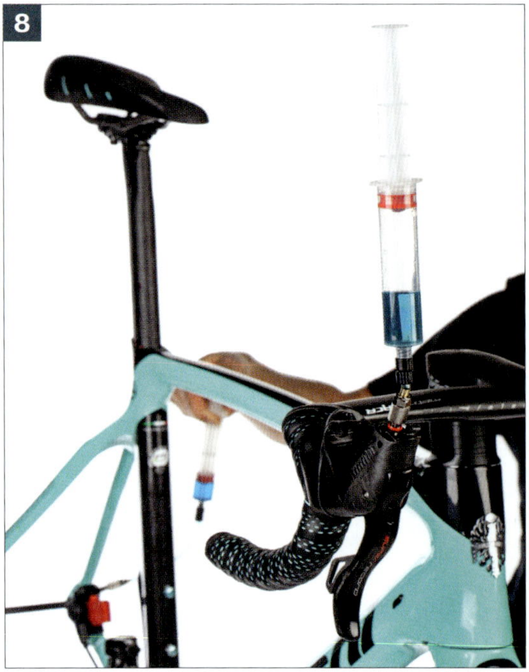

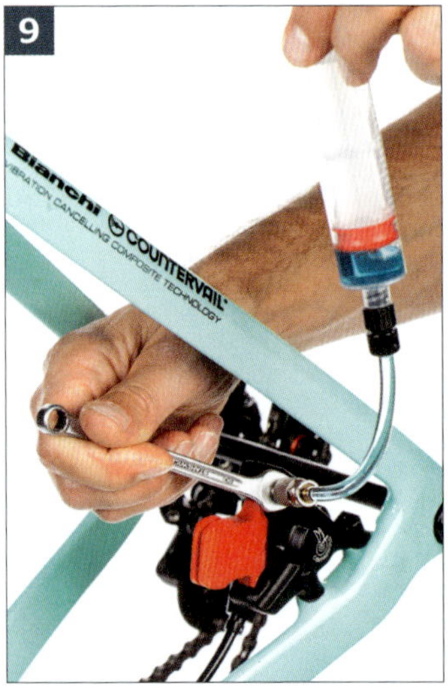

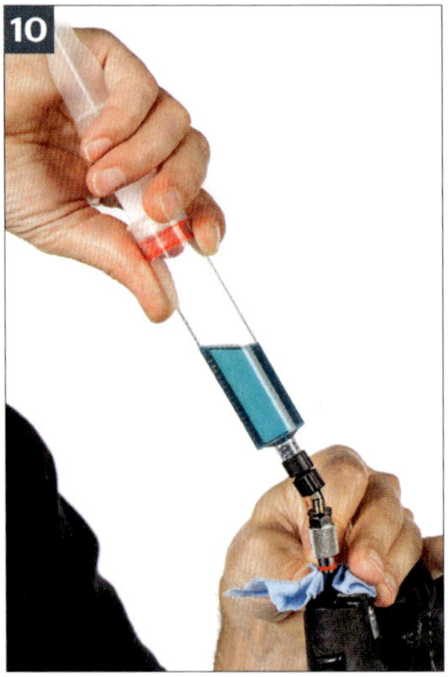

9 Verschließen des Ventils unten
Verschließen Sie nun das Ventil am Bremssattel, indem Sie die Mutter des Ventils mit einem 8-mm-Gabelschlüssel im Uhrzeigersinn drehen.

10 Entfernen der Spritze oben
Entfernen Sie die Spritze des Bremsgriffs nun so, dass kein Öl austritt. Verschließen Sie dazu das seitliche Entlüftungsloch mit einem Finger.

11 Entlüftungsschraube schließen
Im Schraubensitz der Entlüftungsschraube sollte sich jetzt noch Öl befinden. Schrauben Sie hier die Entlüftungsschraube mit 0,5 Nm ein.

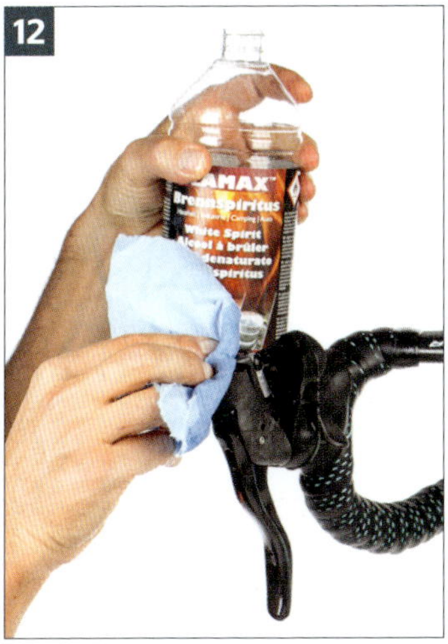

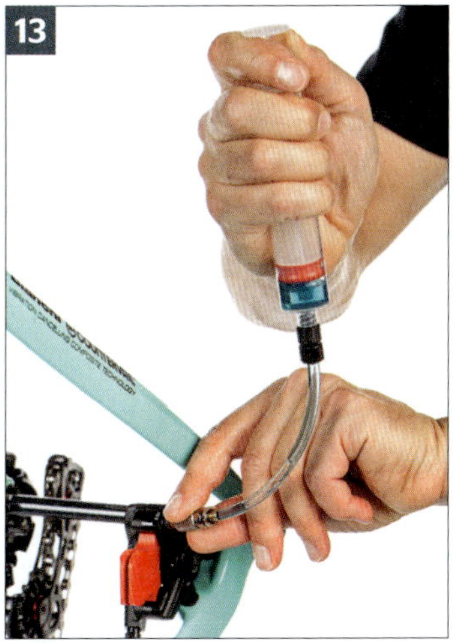

12 Bremsgriff reinigen
Reinigen Sie das übergelaufene Öl vom Bremsgriff mit Bremsenreiniger, Alkohol oder Spiritus.

13 Entfernen der Spritze unten
Entfernen Sie die untere Spritze vom Bremssattel, und ziehen Sie gleichzeitig ein leichtes Vakuum, damit kein Öl ausläuft.

14 Entlüftungsventil festziehen
Ziehen Sie das Entlüftungsventil am Bremssattel mit 4 Nm an. Schrauben Sie jetzt auch die kleine Entlüftungsschraube wieder ein.

15 Bremssattel reinigen
Reinigen Sie den Bremssattel mit Bremsenreiniger, Alkohol oder Spiritus gründlich von Ölrückständen.
Setzen Sie zuletzt die Bremsbeläge wieder ein, wie auf Seite 122 beschrieben.

Leerwegeinstellung

1 Druckpunkt
An Campagnolo-Bremshebeln kann der Leerweg bis zum Druckpunkt in zwei Positionen eingestellt werden.
Der Zugang zur Schraube befindet sich auf der Innenseite des Griffkörpers. Drehen Sie in Richtung „S“ für einen kürzeren, in Richtung „L“ für einen längeren Leerweg.

8 Kontaktpunkte

Alles Einstellungssache

Der allererste Eindruck, wenn man sich zum ersten Mal auf ein neues Fahrrad setzt, wird nicht von der einwandfreien Funktion der Schaltung und dem Leichtlauf der Laufräder geprägt, sondern von den direkten Kontaktstellen des Fahrrads zum Körper des Fahrers.

Diese Kontaktpunkte sind die Hände am Lenker, das Gesäß am Sattel und die Füße auf den Pedalen. Man kann und wird an all diesen Flächen noch Zwischenlagen in Form von Handschuhen, Sitzpolster und Schuhen einschieben, aber richtig zu Hause auf dem Rad, wird man sich erst fühlen, wenn man die perfekte Balance aus Komfort, optimaler Biomechanik, entspannter Sitzhaltung und bestmöglicher Aerodynamik für sich gefunden hat. Gerade für Rennradeinsteiger ist das ein ziemlich arbeitsreicher Prozess, wenn man sich durch das Erfahrungsammeln erst nach und nach an seine persönliche Optimalposition heranarbeitet. Seit einigen Jahren bieten erfahrene Unternehmen Hilfe bei diesem Prozess an. Bei einem professionellen Bikefitting werden auf Grundlage der Ansprüche und Wünsche des Fahrers und seiner körperlichen Parameter die verstellbaren Kontaktpunkte des Rennrads so auf die erforderlichen Maße eingestellt, dass die bestmögliche Kombination der angestrebten Kriterien erreicht wird. Für Neueinsteiger, die noch ganz ohne eine Vorstellung ihrer Ansprüche und der Möglichkeiten an die Sache herangehen, kürzt so eine Analyse und Beratung das Herantasten an das Optimum erheblich ab. Die Experten legen die Möglichkeiten dar, klären auf, welche Kompromisse man eingehen muss, und helfen bei der Umsetzung der Vorschläge am eigenen Rad. Trotzdem möchten wir hier auch eine Anleitung geben, wie Sie sich auch ohne Vorkenntnisse eine solide Ausgangsbasis für Ihre Sitzpositionsfindung schaffen können.

Lenker und Bremsschaltgriffe sind wichtige Kontaktpunkte zwischen Rad und Fahrer, die durch viel Ausprobieren optimal auf die Anforderungen des Sportlers eingestellt werden können.

Ergonomie

Hier möchten wir Ihnen Tipps und Hilfen an die Hand geben, wie Sie eine erste Basiseinstellung der Sitzposition selbst vornehmen können. Nehmen Sie sich dafür Zeit, und lassen Sie sich am besten dabei helfen. Planen Sie vor allem auf den ersten Ausfahrten immer wieder Stopps ein, um die Einstellungen fein abzustimmen und auszuprobieren, wie Sie Ihre Position auf dem Rad optimieren können. Halten Sie die Maße schriftlich fest, um eventuell später einmal wieder nützliche Ausgangswerte zu haben.

1

2

1 Sattelneigung
Stellen Sie das Rad auf eine horizontale Fläche, und legen Sie eine Wasserwaage auf den Sattel. Lösen Sie dann die Schrauben, mit denen Sie die Sattelneigung justieren können. Je nach System sind das ein oder zwei Schrauben, die nur die Klemmung eines längen- und neigungsverstellbaren Schlittens fixieren, oder zwei Schrauben, die auch im Zusammenspiel die Neigung des Sattels erzeugen.
Justieren Sie die Sattelneigung jetzt genau horizontal. Ziehen Sie dabei die Schrauben bei einem Zweischraubensystem abwechselnd fest, bis sie zum Schluss mit dem angegebenen Anzugsmoment angezogen sind.

2 Beininnenlänge messen
Stellen Sie sich ohne Schuhe mit fast geschlossenen Beinen aufrecht und gerade auf den Boden. Ziehen Sie eine Wasserwaage ganz in den Schritt, und halten Sie sie horizontal. Lassen Sie eine Hilfsperson die Höhe vom Boden bis zur Oberkante der Wasserwaage messen.
Multiplizieren Sie das Messergebnis „X" mit dem Faktor 0,9. Das Ergebnis ist das Maß, das Sie als Grundeinstellung für das Maß Mitte Tretlagerachse–Oberkante Satteldecke einstellen sollten.

3 Sattelposition
Setzen Sie sich zentral auf den Sattel, und bringen Sie die Kurbeln in eine waagrechte Position. Fällen Sie ein Lot vom oberen, äußeren Wadenbeinköpfchen bis unter die Pedalachse. Lösen Sie die Sattelklemmschrauben, und verstellen Sie den Sattel dann so, dass das Lot genau durch die Pedalachse läuft.

Verschiedene Vorbauten
Die Abstimmung der Sitzlänge, also der Abstand zwischen Sattel und Lenker, ist hauptsächlich abhängig von der Länge des Vorbaus. Auch die Vorbiegung (Reach) des Lenkers spielt hier eine Rolle.
Man kann diese Länge also nur durch Austausch dieser Komponenten verändern, wenn Sie die Sattelposition nicht verändern möchten. Lassen Sie sich deshalb hierbei beim Kauf des Fahrrades beraten. Überlegen Sie vorher, welche Präferenzen Sie dabei haben. Möchten Sie eher kurz, entspannt und aufrecht sitzen oder sportlich, flach und aerodynamisch? Vorbauten für Rennräder gibt es in Längen ab 60 bis 140 mm. Standard für eine ausgewogene Sitzposition sind z. B. bei einem 56 cm hohen Rahmen meist 100 bis 120 mm Vorbaulänge. Wenn Sie sich dann etwas orientiert haben, investieren Sie in einen zweiten Vorbau, der Ihre Sitzlänge optimieren könnte, und montieren Sie ihn.
Vorbauten gibt es auch in verschiedenen Winkelstellungen. Durch die Montage nach oben oder unten können Sie die Höhe des Lenkers und auch dadurch Ihre Sitzposition beeinflussen. Auch durch Verdrehen des Lenkers im Vorbau können Sie die Bremsschaltgriffe etwas höher oder tiefer positionieren. Achten Sie hier auch auf eine angenehme Handhaltung.

1 Hände nicht am Griff
Beobachten Sie sich selbst: Wenn Sie häufig intuitiv hinter den Umgriff des Bremsschaltgriffs greifen, ist Ihr Lenkervorbau wahrscheinlich zu lang. Montieren Sie dann einen etwas kürzeren Vorbau, damit Sie in Ihrer natürlichen Haltung den Bremsschaltgriff fest umgreifen.

2 Griffposition optimieren
Sie können die Höhe der Bremsschaltgriffe verstellen, indem Sie den Lenker im Vorbau drehen. Die Lenkerenden sollten dabei aber immer leicht nach unten zeigen. Notfalls können Sie auch die Position der Bremsschaltgriffe auf dem Lenker verändern.

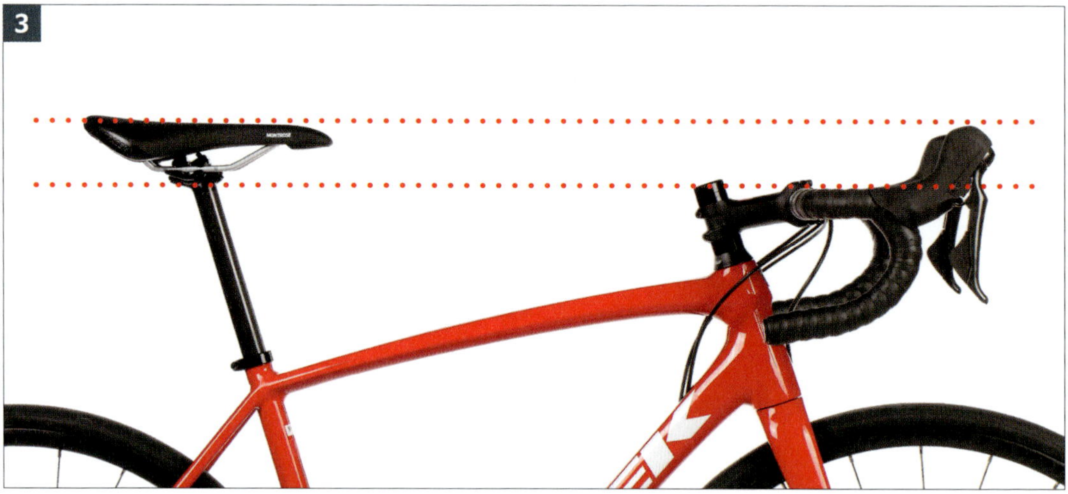

3 Sattel-Lenker-Überhöhung
Das Verhältnis, in dem die Satteloberfläche über der Griffposition am Lenker liegt, entscheidet, ob Sie gebeugter oder aufrechter auf dem Rad sitzen. An Ahead-Vorbau-Systemen können Sie die Höhe des Vorbaus und Lenkers durch das Variieren der Distanzringe unter dem Vorbau auf dem Gabelschaft verstellen. Wie Sie das machen, sehen Sie auf Seite 148.

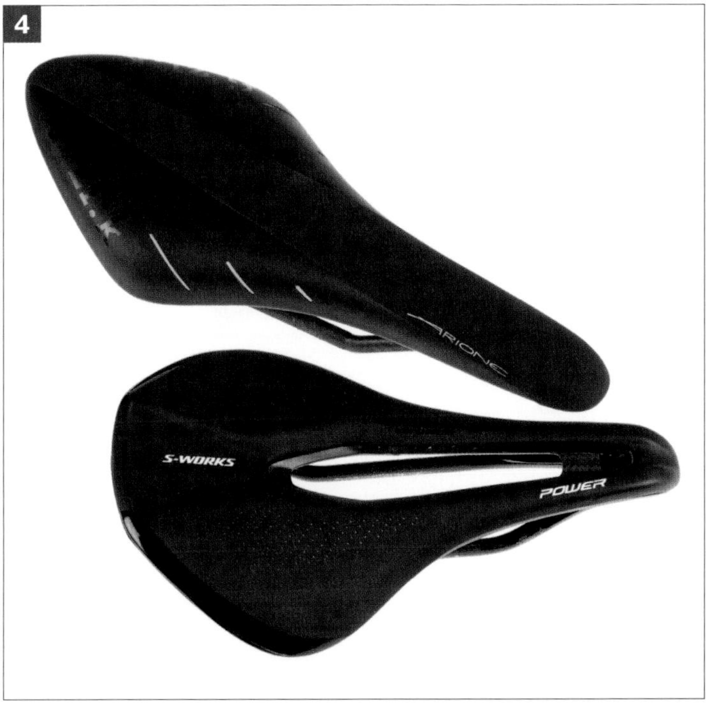

4 Satteltypen
Sättel werden in unzähligen Formen und Varianten angeboten. Es gibt verschiedene Breiten und Längen, unterschiedlichste Formen mit und ohne Aussparung, weich gepolsterte und spartanisch harte sowie viele Materialien. Obwohl viele Hersteller mittlerweile sehr darauf achten, dass die Sättel möglichst vielen Ansprüchen genügen, hilft nur ausgiebiges Testen, den persönlichen Topfavoriten unter den Lieblingssätteln zu finden. Lassen Sie keine Gelegenheit aus, bei Testveranstaltungen oder bei Sportfreunden unterschiedliche Sättel möglichst in unterschiedlichen Einstellungen auszuprobieren.

Bikefitting

Viele komplexe Parameter beeinflussen die Sitzposition. Da muss man schon einiges an Zeit und Erfahrung mitbringen und die Möglichkeiten haben, um diese Einflussfaktoren selbst umsetzen und ausprobieren zu können. Aber nur so kann man das persönliche Optimal-Setup finden. Die beste Möglichkeit, diesen Prozess abzukürzen, haben Sie bei einem professionellen Bikefitting. Durch so eine Vermessung und Anpassung der Sitzposition bei erfahrenen Spezialisten können Sie sich eine Menge Zeit des eigenständigen Erfahrungsammelns sparen. Die Anpassungsmöglichkeiten und die Auswahl an verschiedenen Sätteln, Vorbauten, Lenkern und Pedalen, wie sie moderne Bikefitting-Studios anbieten, steht den meisten Nichtprofis in diesem Umfang nicht zur Verfügung. Zudem profitieren Sie bei der Beratung von der Erfahrung aus vielen Hundert Sitzungen. Sie erhalten meist eine schnelle, zielführende Lösung für Ihre Ansprüche und Probleme. Gerade für noch wenig erfahrene Neueinsteiger lohnt sich die Investition in eine Grundeinstellung. Probleme mit Gesäß, Knien, Schultern, Nacken und Rücken können so oft vermieden werden. Zudem haben die meisten Radvermesser ein gutes technisches Verständnis, um einschätzen zu können, welche Produkte sinnvoll und mit Ihrem Rad kompatibel sind. Manche Anbieter offerieren sowohl eine Vermessung mit einem bereits gekauften Rad als auch eine Kaufberatung für die laut der Vermessung und den Ansprüchen des Kunden entsprechend infrage kommenden Räder. Auch leistungsorientierte Bikefittings, bei denen die Aerodynamik und die Optimierung der Tretleistung im Fokus stehen, bieten viele der Institutionen an.

5 Lenker justieren
Richten Sie zum Lenkerklemmen den Lenker mittig aus. Drehen Sie den Lenker so, dass die Bremsschaltgriffe in der gewünschten Position stehen.

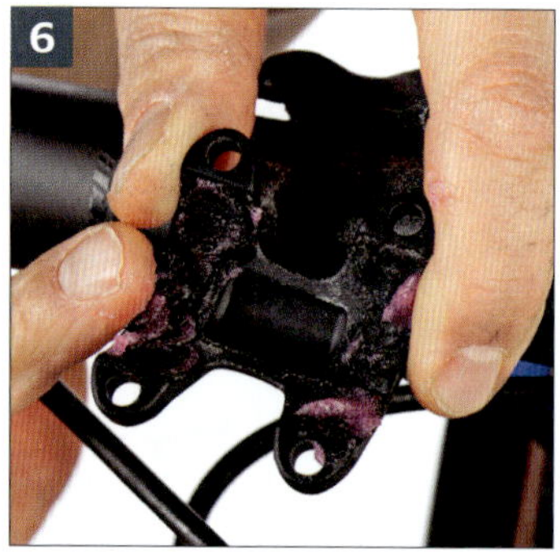

6 Carbonpaste Lenker
Verwenden Sie beim Neumontieren des Lenkers und des Vorbaus eine dünne Schicht Carbonpaste. Auch an leichten Aluteilen erhöht diese Paste mit Reibungspartikeln die Reibung zwischen den Bauteilen. Somit wird das nötige Anzugsmoment der Schrauben heruntergesetzt. Die Klemmstellen zwischen den Bauteilen werden geschont, weil sie weniger stark zusammengepresst werden. Die Gefahr von Beschädigungen durch Quetschungen sinkt.

7 Lenkerklemmung
Ziehen Sie dann die Klemmschrauben des Vorbaudeckels nach und nach gleichmäßig und über Kreuz an, bis das notwendige Drehmoment erreicht ist. Bei den meisten Klemmsystemen soll der Spalt zwischen Vorbau und Deckel oben und unten gleich groß sein. Manche Hersteller haben Konstruktionen, die es notwendig machen, dass ein Spalt zuerst auf Kontakt anliegen muss und dann erst der zweite Spalt bis zum Erreichen der Klemmkraft geschlossen wird. Informieren Sie sich im Benutzerhandbuch, welches System Ihr Rad besitzt. Prüfen Sie regelmäßig die Festigkeit der Klemmung durch Drücken und Ziehen am Lenker.

8 Carbonpaste Sattelstütze
Verwenden Sie die Carbonpaste auch an der Sattelstütze.

Pedalplatten montieren

Die Montage von Pedalplatten ist relativ einfach. Die richtige Ausrichtung ist die eigentliche Herausforderung. Manche Pedalsysteme werden mit unterschiedlichen Pedalplatten angeboten. Sie unterscheiden sich durch verschieden großen Bewegungsfreiraum der Ferse zum Pedal. Gerade wenn Sie noch wenig Erfahrung mit Ihren Bedürfnissen haben, können Pedalplatten mit viel Bewegungsfreiheit vor Knieschmerzen schützen.

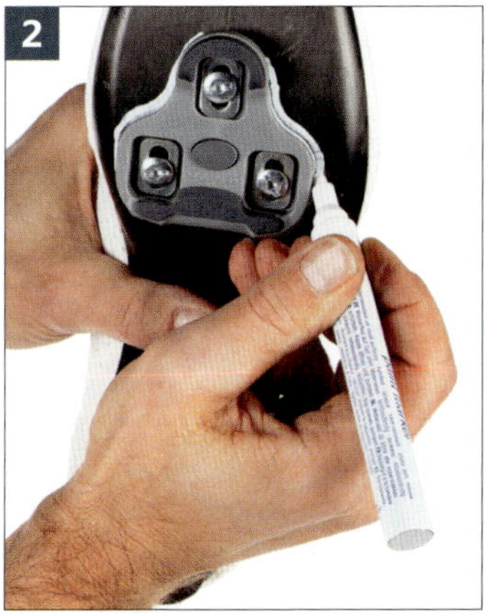

1 Montage
Legen Sie die Pedalplatte so auf die Unterseite des Schuhs, dass sich die gefetteten Gewindebohrungen mittig unter den Langlöchern befinden. Jetzt sollte die Pedalplatte nicht mehr verschoben werden. Legen Sie dann die Metalleinsätze in die Langlöcher, und schrauben Sie die Befestigungsschrauben ein. Ziehen Sie die Schrauben mit ca. 7 Nm an.

2 Markierung
Zeichnen Sie die Kontur der Ausgangsposition am besten mit einem Marker rund um die Pedalplatte an. So haben Sie später eine Orientierung, in welche Richtung und wie viel Sie die Pedalplatten verschoben haben.
Probieren Sie bei den ersten Fahrten, ob Ihnen die Stellung Ihrer Füße zu den Pedalen passt. Sie haben die Möglichkeit, den Druckpunkt durch leichtes Vor- oder Zurückschieben der Pedalplatten zu verändern, und Sie können die Winkelstellung Ihrer Füße zum Pedal einstellen. Bei den meisten Menschen ist die natürliche Fußstellung so, dass die Zehen leicht nach außen zeigen.

3 Pedalplatten
Die meisten Pedalhersteller bieten Pedalplatten (Cleats) mit Winkelfreiheiten zwischen 0 und 9 Grad an.

Einstellhilfe
Vom Fahrradzubehör-Hersteller Ergon gibt es eine Einstellhilfe mit fein gerasterten Gitternetzlinien zur präzisen Einstellung der Pedalplatten verschiedener Hersteller.

Lenkerhöhe ändern

Sie können an den meisten Rennrädern mit Ahead-Vorbau-System die Höhe des Vorbaus verstellen, indem Sie die Distanzringe unter dem Vorbau variieren. Nach jeder Höhenverstellung des Vorbaus muss auch der Steuersatz wieder eingestellt werden.

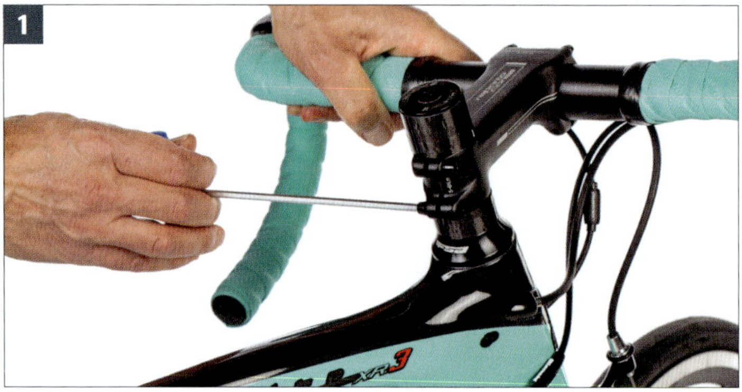

1 Klemmschrauben lösen
Lösen Sie zuerst die Klemmschrauben seitlich am Vorbau. Drehen Sie dabei die Schrauben abwechselnd jeweils ungefähr eine halbe Umdrehung, damit sich die Klemmung gleichmäßig öffnet.

2 Kappe abschrauben
Schrauben Sie dann die Kappe ganz ab.

3 Distanzringe und Vorbau abnehmen
Jetzt können Sie die oberen Distanzringe und den Vorbau vom Gabelschaft nach oben abziehen.

4 Distanzringe neu zusammenstellen
Bringen Sie dann die für Ihre Vorbauhöhe benötigte Anzahl von Distanzringen wieder auf den Gabelschaft. Setzen Sie danach den Vorbau wieder auf den Gabelschaft.

Einstecktiefe Gabelschaft
Für die Sicherheit der Vorbauklemmung und um den Steuersatz einwandfrei einstellen zu können, müssen Sie folgende zwei Punkte beachten:

1. Die obere Kante des Gabelschafts muss sich auf jeden Fall oberhalb der Mitte der oberen Klemmschraube des Vorbaus befinden. Falls das nicht der Fall ist, muss wieder ein Distanzring unter dem Vorbau entfernt werden.

2. Gleichzeitig muss die obere Kante des Gabelschafts deutlich unter der oberen Kante des Vorbaus sein, damit die Kappe Zug für die Vorspannung des Steuersatzes aufbauen kann. Falls diese Distanz nicht groß genug ist, muss ein Distanzring zwischen Kappe und Vorbau montiert werden.

5 Kappe einschrauben
Schrauben Sie die Kappe wieder in den Gabelschaft ein, und ziehen Sie sie handfest an, sodass der Steuersatz unter etwas Vorspannung steht.

6 Spiel im Steuersatz prüfen
Prüfen Sie dann den Steuersatz, indem Sie den linken Bremsgriff ziehen, das Rad etwas vor und zurück bewegen und dabei gleichzeitig den Steuersatz umgreifen. Sie sollten jetzt kein Spiel mehr im Steuersatz spüren.

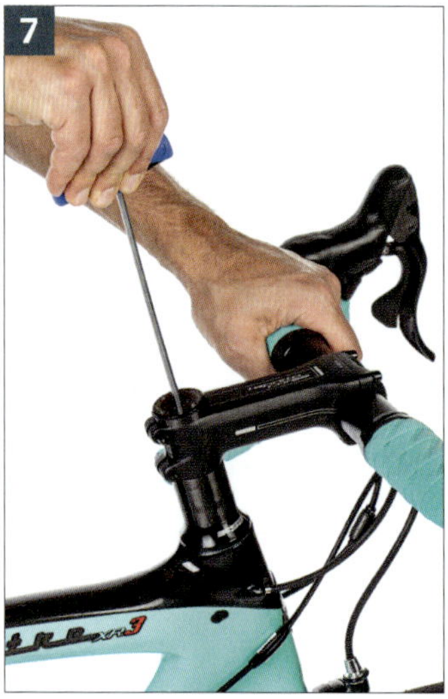

7 Steuersatz einstellen
Stellen Sie jetzt, wenn nötig, den Steuersatz noch nach. Vorderrad und Lenker sollten sich durch ihr Eigengewicht noch leicht bewegen lassen.

8 Vorbau klemmen
Richten Sie jetzt den Vorbau gerade zum Vorderrad aus, und klemmen Sie ihn dann auf dem Gabelschaft. Ziehen Sie dazu beide Klemmschrauben abwechselnd in halben Umdrehungsschritten an.

9 Vorbau festziehen
Ziehen Sie jetzt den Vorbau mit dem vorgegebenen Drehmoment fest. Meist liegt das Anzugsmoment bei ca. 5 Nm.

Steuersatz prüfen

1 Spiel kontrollieren
Prüfen Sie das Spiel des Steuersatzes, indem Sie den linken Bremsgriff ziehen, das Rad etwas vor und zurück bewegen und dabei gleichzeitig den Steuersatz umgreifen. Sie sollten jetzt kein Spiel mehr im Steuersatz spüren.

2 Leichtgängigkeit prüfen
Heben Sie das Vorderrad an, und lassen Sie den Lenker aus der geraden Ausrichtung los. Vorderrad und Lenker sollten durch ihr Eigengewicht locker zur Seite abkippen.

Lenkerband wickeln

Das Lenkerband wird häufig als die Visitenkarte des Rennrads bezeichnet. Und es macht wirklich einen guten Eindruck, wenn der Griffbereich gleichmäßig und eben von dem Griffband umwickelt ist. Aber auch für die Sicherheit ist eine gute Lenkerbandmontage wichtig: Das Band darf sich nicht lösen oder verrutschen. Es gibt verschiedene Methoden, das Lenkerband zu wickeln. Wir zeigen hier eine einfach zu verstehende Methode, die an vielen Lenkern funktioniert.

1 Lenker säubern
Reinigen Sie den Lenker mit Spiritus oder Entfetter von alten Lenkerbandresten und Fett, damit das neue Lenkerband gut haftet.

2 Brems- und Schaltzüge fixieren
Fixieren Sie die Brems- und Schaltzüge mit Isolierband symmetrisch auf beiden Lenkerseiten. Durch die Position der Zugverlegung können Sie die Form des Umgriffs am Lenker beeinflussen.

3 Befestigungsschellen abkleben
Bringen Sie die kurzen Abdeckstreifen quer über den Befestigungsschellen der Bremsschaltgriffe an.

Lenkerbänder gibt es in verschiedensten Farben und Dessins. Für spezielle Ansprüche werden besonders weiche oder sehr griffige Lenkerbänder angeboten.

4 Start am Lenkerende
Beginnen Sie mit dem Wickeln am unteren Lenkerende. Lassen Sie etwa die Hälfte der Lenkerbandbreite am Ende überstehen und beginnen Sie, von innen nach außen zu wickeln.

5 Gleichmäßig weiterwickeln
Wickeln Sie weiter nach oben mit gleichmäßig starkem Zug auf dem Band und mit gleichmäßigen Abständen bei den Wicklungen.

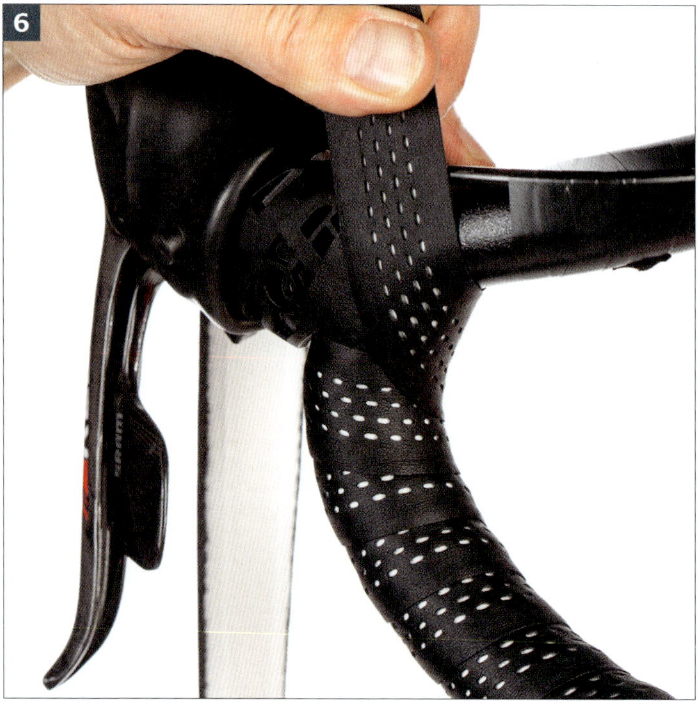

6 Um den Griff herum
Lassen Sie das Lenkerband kurz unter dem Bremsschaltgriff noch eng von außen nach innen unter dem Griff anliegen, und gehen Sie dann mit dem Band von unten innen nach außen oben über den Griff. Wickeln Sie dort gleichmäßig weiter. Beachten Sie an den Lenkerbögen die unterschiedliche Überlappung an der Innen- und Außenseite.

7 Weiterwickeln
Wickeln Sie das Lenkerband bis kurz vor die Verbreiterung der Lenkerklemmung.

8 Lenkerband abschneiden
Schneiden Sie das Lenkerband am Ende schräg ab, sodass Sie die letzte Zunge mit einem geraden Abschluss an den Lenker anlegen können.

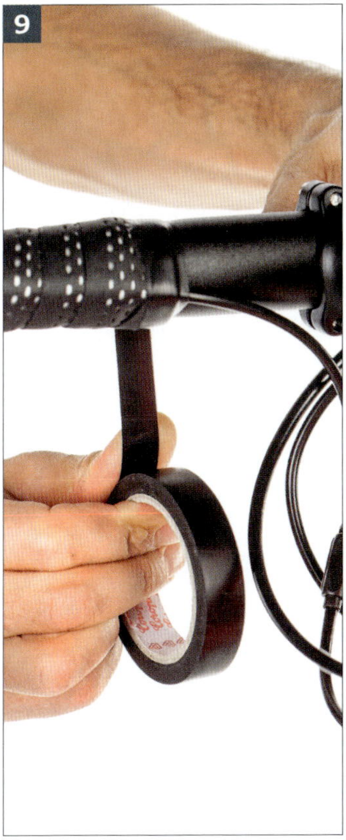

9 Lenkerband fixieren
Fixieren Sie dann das Lenkerband in gleicher Wickelrichtung mit 2–3 Lagen Isolierband am Lenker.

10 Enden einschlagen
Schlagen Sie das überstehende Lenkerband am Lenkerende nach innen ein.

11 Endstopfen eindrücken
Drücken Sie dann den Lenkerendstopfen fest ein, sodass das Lenkerbandende im Lenkerende geklemmt und gehalten wird. Verfahren Sie auf der zweiten Lenkerseite so, dass die Lenkerbänder vom Wickeldrehsinn spiegelgleich sind.

Wartung und Pflege

Glanzvoller Auftritt

Dass das Rennrad ein sehr puristisches Gefährt ist, macht viel von seinem Reiz aus. Dass es dadurch aber auch relativ ungeschützt gegen alle möglichen Einflüsse ist, die das Erscheinungsbild und die Leichtgängigkeit negativ beeinflussen können, macht es zu einem wartungsaufwendigen Sportgerät.

Haben Sie schon einmal den Start eines professionellen Radrennens gesehen? Wenn die Spitzensportler auf ihren blitzblanken Maschinen sitzen, haben Sie sich vielleicht schon gefragt, wie schaffen sie es, dass diese Räder, die schon Tausende Kilometer gefahren wurden, immer noch aussehen, als kämen sie gerade nagelneu aus dem Radshop. Um diesen Eindruck zu vermitteln, stecken die Teammechaniker viel Mühe und Aufwand in die Pflege und Wartung der Rennräder. Die Räder werden nach jeder Fahrt gründlich gereinigt und penibel gewartet.

Die meisten Fahrzeuge und Maschinen besitzen ein Gehäuse, das sie vor Verschmutzung und Umwelteinflüssen schützt. Am Rennrad würde so ein Gehäuse nur zusätzliches Gewicht bedeuten. Deshalb liegen hier die meisten Funktionsteile frei, und das bedeutet, dass Antrieb, Lager und Oberflächen allen Schmutzattacken ungeschützt ausgesetzt sind. Um das Sportgerät trotzdem leichtgängig und sauber zu halten, hilft nur eins: Prüfen, Putzen und Pflegen. Man muss es ja nicht ganz so akribisch wie die Profis betreiben, aber vor allem nach Fahrten bei Nässe, auf dreckigen Strecken und natürlich vor großen Touren sollte man sich die Zeit nehmen, das wertvolle Rennrad technisch und optisch in Topform zu bringen. Nicht nur Leichtlauf und Lebensdauer der Komponenten verbessern und verlängern sich an einem gepflegten und gewarteten Rad, auch die Motivation, auf eine glänzende Rennmaschine zu steigen, ist nochmals höher. Doch auch zur Sicherheit und als Schutz vor nervigen Defekten trägt die Pflege und Wartung bei. An einem sauberen Rad entdeckt man Unregelmäßigkeiten besser, und bei intensiver Auseinandersetzung mit der Fahrradtechnik fallen einem Verschleiß und Defekte rechtzeitig auf. Investieren Sie Zeit und Mühe in die Wartung und Pflege Ihres Rades, viele sorglose Stunden im Sattel und unbeschwerte Kilometer voll Freude sind der erstrebenswerte Lohn dafür!

Frisches Öl auf der Kette sorgt für Leichtlauf und schützt gleichzeitig vor Rost.

Routinekontrolle

1 **Schrauben kontrollieren**
2 **Schnellspanner kontrollieren**
3 **Luftdruck prüfen**
4 **Kette säubern und schmieren**
5 **Kettenverschleiß prüfen**
6 **Steuersatz checken**
7 **Laufräder kontrollieren**
8 **Bremsbeläge kontrollieren**
9 **Züge, Hüllen, Leitungen prüfen**
10 **Reifen überprüfen**
11 **Akku-Ladezustand überprüfen**
12 **Bordwerkzeug komplett?**

1
1
9
cannondale
6
Vittoria ZAFFIRO PRO
8
8
2
10

Routinekontrolle

Diese Checkliste sollten Sie vor jeder größeren Ausfahrt durchgehen. Auch wenn Sie das Rad längere Zeit nicht benutzt haben, empfiehlt es sich, sich über den optimalen Zustand der einzelnen Bauteile zu vergewissern, damit Sie Ihr Ziel sicher und möglichst defektfrei erreichen. Bevorraten Sie sich mit den wichtigsten Ersatzteilen wie Schlauch, Reifen, Bremsbelägen und Kette, um sich notfalls auch nach Ladenschluss noch selbst helfen zu können. Wenn Sie sich bei einem Radmarathon oder einer großen Tour in unbekanntes Terrain begeben, überlegen Sie auch rechtzeitig, ob eventuell eine besser angepasste Übersetzung oder andere Reifen die Fahrt noch erfolgreicher machen können. Prüfen Sie neu angebaute Teile immer vor einem wichtigen Event bei einer Testrunde auf ihre Funktion und Sinnhaftigkeit, damit Sie am großen Tag keine Überraschung erleben.

1 Schrauben kontrollieren
Kontrollieren Sie regelmäßig die richtigen Anzugsmomente der Klemmschrauben von Sattelstütze, Vorbau und Lenker mit einem Drehmomentschlüssel. Ersetzen Sie Schrauben mit verschlissener Werkzeugaufnahme oder defektem Gewinde.

2 Schnellspanner kontrollieren
Kontrollieren Sie regelmäßig, dass die Schnellspanner der Naben fest genug verschlossen bzw. die Steckachsen fest genug angezogen sind.

3 Luftdruck prüfen
Prüfen Sie den Luftdruck in den Reifen bei Butylschläuchen wöchentlich, bei Tubeless-Reifen und Reifen mit Leichtschläuchen vor jeder Fahrt.

4 Kette säubern und schmieren
Reinigen und schmieren Sie die Kette spätestens alle 300 km und nach jeder Regenfahrt.

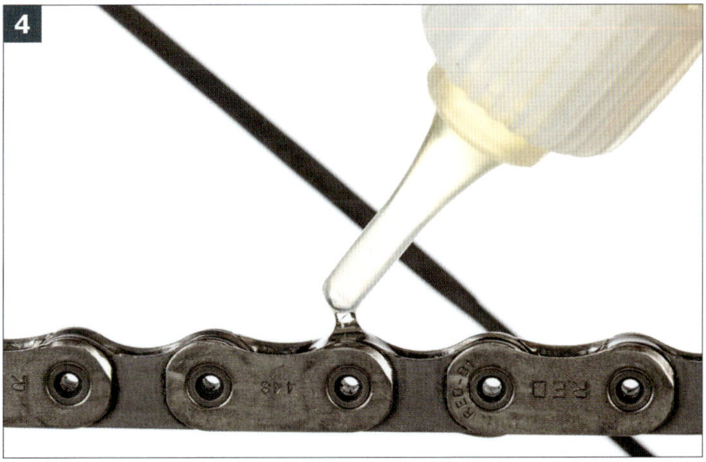

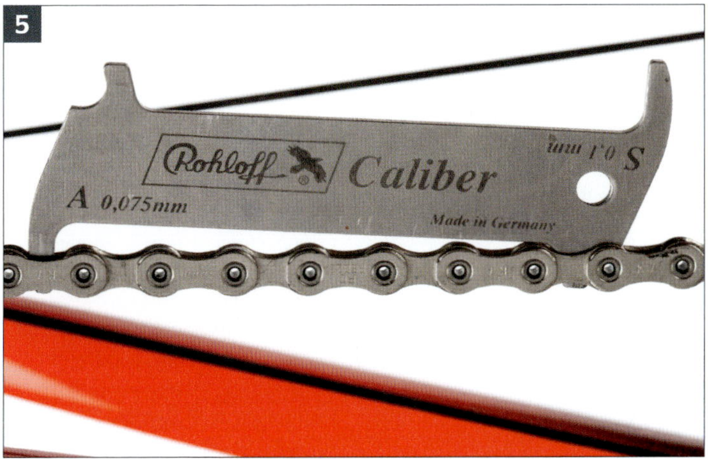

5 Kettenverschleiß prüfen
Prüfen Sie nach 1.000 km Fahrleistung die Kette alle 300 km mit einer Verschleißlehre auf ihre Längung.

6 Steuersatz prüfen
Prüfen Sie das Spiel und die Leichtgängigkeit des Steuersatzes einmal im Monat.

7 Laufräder kontrollieren
Prüfen Sie die Laufräder auf geraden Rundlauf und gleichmäßig feste Speichenspannung.

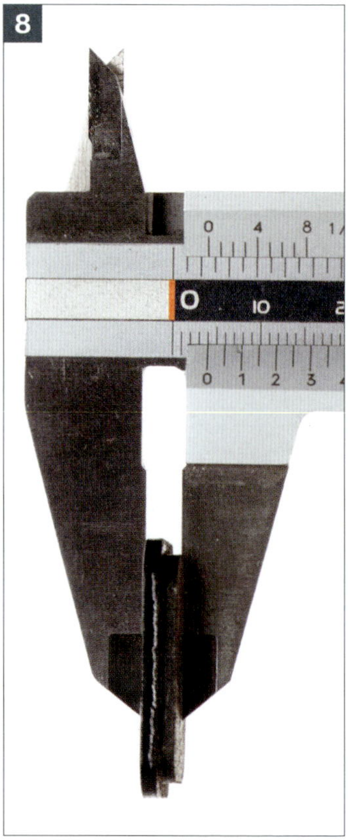

8 Bremsbeläge kontrollieren
Checken Sie die Bremsbeläge regelmäßig auf Verschleiß und darauf, dass sie nicht an der Bremsscheibe oder der Bremsflanke schleifen. Die Belagstärke von Scheibenbremsbelägen darf 0,5 mm nicht unterschreiten. Achtung! Ziehen Sie die Stärke der Trägerplatte vom Messergebnis ab. Felgenbremsbeläge haben meist einen Indikator für die Mindeststärke.

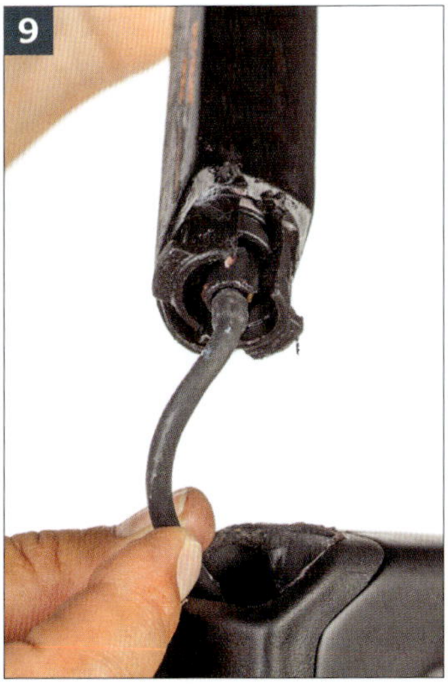

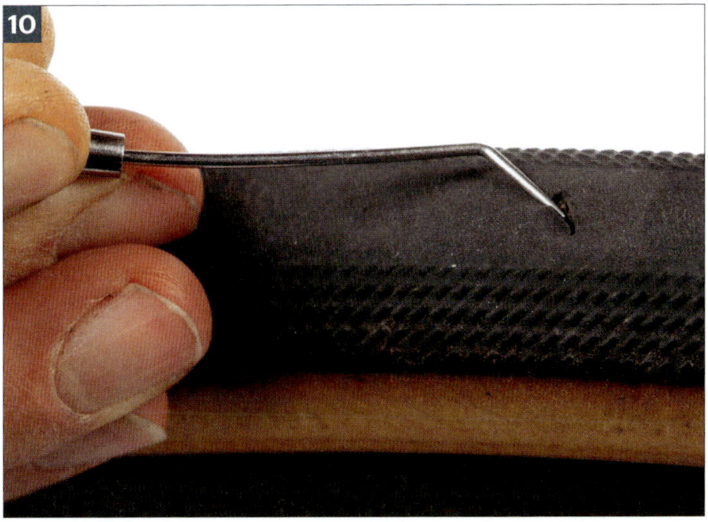

9 Züge, Hüllen, Leitungen prüfen
Überprüfen Sie mechanische Hüllen und Züge auf Leichtgängigkeit, Spliss und Knicke sowie Elektrokabel auf feste Steckverbindung und Quetschungen.

10 Reifen überprüfen
Überprüfen Sie die Reifen auf Schnitte und Fremdkörper in der Manteldecke. Ersetzen Sie stark verschlissene Reifen rechtzeitig durch neue.

11 Akku-Ladezustand überprüfen
Kontrollieren Sie vor jeder Fahrt, ob die Akkus der elektronischen Schaltkomponenten aufgeladen sind.

12 Bordwerkzeug komplett?
Prüfen Sie vor jeder Fahrt, ob Sie Pumpe, Minitool und einen Ersatzschlauch mit richtiger Ventillänge dabeihaben.

Reinigen

Auch wenn es mühsam und zeitintensiv ist, kommt man beim Rennrad um ein gewisses Maß an Pflege nicht herum. Dafür wird man mit einwandfreier Funktion und motivierendem Glanz des Sportgeräts belohnt. Hier die besten Tipps, wo man beim Radputz seine Zeit investieren sollte und welche Hilfsmittel man dazu benötigt.

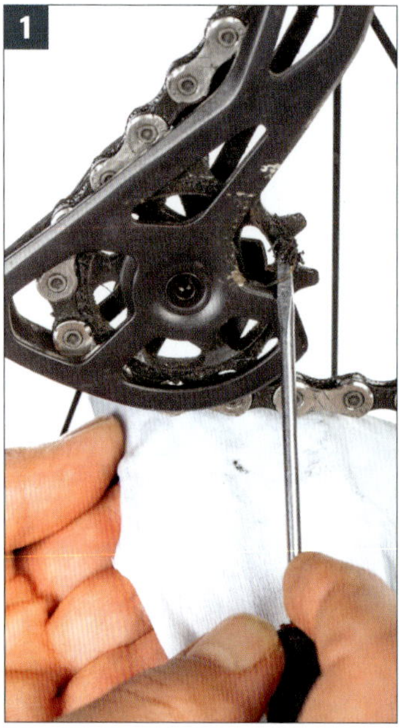

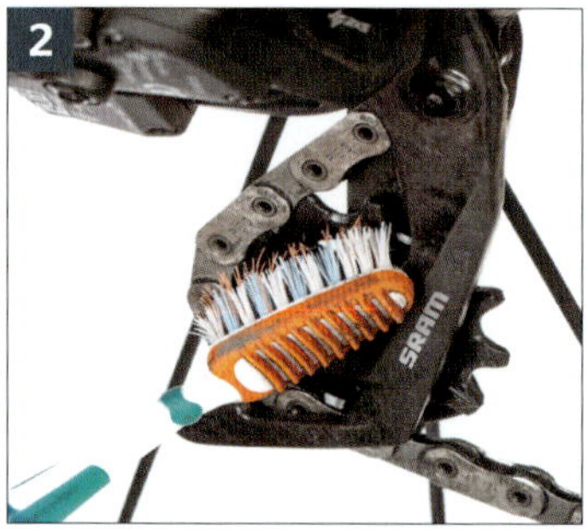

1 Schaltröllchen säubern
Schaltröllchen sind wahre Schmutzfänger. Hier setzt sich sowohl der mechanische Schmutz als auch verklebtes Schmiermittel aus der Kette ab. Bevor diese Masse verhärtet und das Schalten beeinflusst, sollten Sie die Schaltröllchen mit einen kleinen Schraubendreher oder Zahnarztwerkzeug von Verkrustungen befreien und dann mit einem Lappen und einem milden Lösungsmittel (Antriebsreiniger) säubern.

2 Zwischenräume putzen
Mit einer Zahnbürste kommen Sie auch in verwinkelte Zwischenräume und können so selbst kleine Sandkörnchen leicht herausputzen.

3 Rahmen reinigen
Am Rahmen genügt es meistens, wenn Sie die Verschmutzung mit einer milden Mischung aus Wasser und Fahrradreiniger oder Handspülmittel einweichen, und dann mit einem Schwamm abspülen. Lassen Sie hartnäckige Verkrustungen einfach länger einweichen und benutzen Sie eine Bürste.

4 Felgen reinigen
Die Felgenringe und Nabenkörper können Sie ebenfalls mit einer milden Mischung aus Wasser und Fahrradreiniger oder Handspülmittel säubern. Insbesondere bei Laufrädern für Felgenbremsen, die vor allem nach Regenfahrten vom Bremsabrieb oft stark verschmutzt sind, empfiehlt es sich, die Felgen mit einer Bürste abzuschrubben.

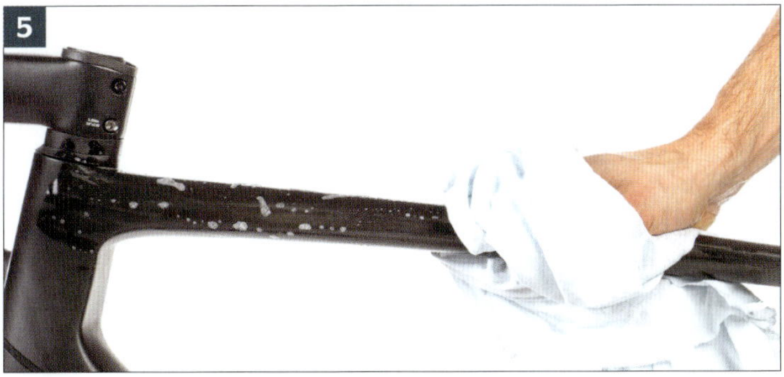

5 Trocknen
Trocknen und polieren Sie den Rahmen und die Teile nach dem Waschen mit einem saugfähigen Baumwolllappen. Arbeiten Sie sich dabei von den ganz sauberen Stellen zu den noch stärker verschmutzten vor.

6 Rahmen versiegeln
Glanzwachs und Versiegelung schützen den Rahmen länger vor Neuverschmutzung. Produkte mit Nanopartikeln bewirken einen Lotuseffekt und lassen Schweiß oder Dreckspritzer leichter vom Rahmen abtropfen. Sprühen Sie den Rahmen und die zu schützenden Teile ein, und lassen Sie das Mittel trocknen. Achtung: Nicht auf die Bremsflanke von Felgenbremsen oder Bremsscheiben sprühen.

7 Polieren
Polieren Sie nach dem Aushärten des Wachses den Rahmen mit einem weichen Baumwoll- oder Microfasertuch.

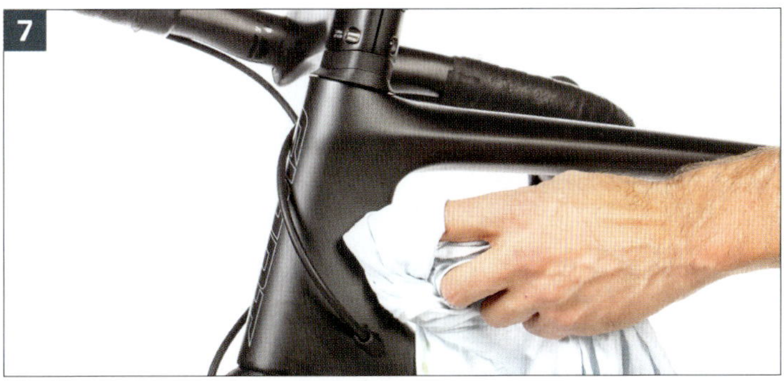

Starke Verschmutzung
Wenn Ihr Fahrrad sehr stark verschmutzt ist, reinigen Sie es zunächst mit Wasser und Bürste von grobem Schmutz. Sprühen Sie dann das noch feuchte Rad mit einem speziellen Fahrradreiniger ein. Lassen Sie diesen einige Minuten einwirken, damit stärkere Verschmutzungen angelöst und eingeweicht werden können. Waschen Sie dann erst den Reiniger mit Wasser und Schwamm vom Rad ab.

8 Bremsflanke säubern
Reinigen Sie die Bremsflanke von Felgenbremslaufrädern mit Spiritus und einem Lappen. Entfernen Sie gründlich Reste von Schmutz und Reinigungsmitteln. Inspizieren Sie dabei die Bremsflanke auch auf Riefen und Beschädigungen.

9 Antrieb reinigen
Verwenden Sie beim Reinigen von Antriebsteilen wie Schaltwerk, Kette und Umwerfer einen Lappen, und geben Sie bei hartnäckigem Schmutz oder Verkrustungen ein Lösungsmittel auf den Lappen.

10 Ritzel reinigen
Falten Sie einen Baumwolllappen so dünn, dass Sie in die Zwischenräume zwischen den einzelnen Ritzeln kommen. Verwenden Sie bei hartnäckiger Verschmutzung Antriebsreiniger, und lassen Sie das Lösungsmittel ein paar Minuten einwirken, bevor Sie es mit dem gefalteten Lappen herausputzen.

11 Pedale reinigen
Moderne Pedale mit Kunststoffpedalkörpern benötigen oft viel Schmierung, um keine Geräusche zu entwickeln. Diese Schmierung sollte mit einem Lappen und etwas Lösungsmittel wie Spiritus oder Antriebsreiniger entfernt werden, wenn sie schmutzig ist. Geben Sie dann wieder frisches Schmiermittel (z. B. Kettenschmierung) auf die Kontaktflächen an den Pedalen.

Schmieren

Um die filigrane Mechanik an einem Rennrad vor allem leichtgängig, aber auch geräuscharm zu halten, ist eine gute Schmierung der Komponenten unerlässlich. Besonders nach Fahrten durch Nässe und Schmutz benötigen der Antrieb und die Lager Nachschub an Schmiermittel.

1 Kette vor dem Schmieren säubern
Befreien Sie die Kette von altem Schmiermittel, bevor Sie neues auftragen. Verwenden Sie dazu einen Lappen, der mit etwas Lösungsmittel wie Antriebsreinger oder Spiritus getränkt ist. Verwenden Sie keine Apparatur, bei der die gesamte Kette durch einen Kettenreiniger gezogen wird.

2 Gelenke schmieren
Schmieren Sie die Gelenke von Schaltwerk und Umwerfer mit einem dünnflüssigen Kriechöl. Verwenden Sie es sparsam und punktuell.

3 Kette schmieren
Schmieren Sie die Kette am besten, indem Sie jedes Gliederpaar einzeln am Röllchen mit einem Tropfen Schmiermittel versehen. Bewegen Sie die Kette anschließend etwas, damit sich das Schmiermittel gleichmäßig verteilen kann.

Danksagung

Die Autoren danken folgenden Firmen für das Zurverfügungstellen von Fahrrädern und Fahrradteilen:
Rose Bike GmbH www.rosebikes.de
Servizio Corsa Radsport GmbH/Erik Schmauss/Bianchi München www.serviziocorsa.com
SRAM Deutschland GmbH www.sram.com
Campagnolo Deutschland GmbH www.campagnolo.com
Cycling Sports Group Cannondale www.cannondale.com
Giant Deutschland GmbH www.giant-bicycles.com
Specialized Germany GmbH www.specialized.com

Die Autoren

Christoph Allwang leitet das Testlabor der Fahrradmagazine TOUR, BIKE, EMTB, Mybike und Freeride. Beruflich dreht sich bei ihm seit über 35 Jahren alles rund ums Rad. Als Bikeguide, Mechaniker, Fahrradhändler, Marketing-Koordinator und Testlaborleiter kennt er die Materie aus verschiedensten Perspektiven. Auch im Sattel ist ihm (außer Extrem-Downhill) nichts fremd. Als Amateur-Rennfahrer stand er in den Disziplinen Straße, Bahn, Cross, MTB-Cross-Country und Marathon erfolgreich am Start. Interessiert, aber auch kritisch beobachtet Allwang alle Neuheiten, die in der Fahrradbranche kommen und (oft auch bald wieder) gehen. Ihm liegen clevere Detaillösungen zur unproblematischen Funktionsoptimierung mehr am Herzen, als brandneue Gesamtkunstwerke mit Mechaniker-Fallen. Für das Magazin TOUR hat er eine Serie von Werkstatt-Videos mitgestaltet. In Schrauber-Workshops gibt Christoph Allwang sein Wissen auch an interessierte Hobby-Mechaniker weiter. allwang.christoph@gmail.com

Daniel Simon hat sich als Fotograf früh auf das Thema Fahrrad spezialisiert. Seine Fotos prägen die Optik der Fahrradmagazine Bike, Tour und Mybike. Als Journalist schreibt er seit Jahren Radreise- und Tourenbücher. Seine Fotos und Buchlayouts finden sich außerdem in zahlreichen Fahrradreparatur- und Technikbüchern. Wie nur wenige, versteht er es, Einzelheiten am Rad ins rechte Licht zu rücken und technische Details so begreifbar zu machen.

Bibliografische Information der Deutschen Nationalbibliothek
Die Deutsche Nationalbibliothek verzeichnet diese Publikation in der Deutschen Nationalbibliografie;
detaillierte bibliografische Daten sind im Internet über http://dnb.dnb.de abrufbar.

13. Auflage
ISBN 978-3-667-12103-5

Autoren der Auflagen 1 bis 11: Dirk Zedler und Thomas Musch

Texte: Christoph Allwang
Lektorat: Stephanie Jaeschke, Petra Schomburg
Layout: Daniel Simon
Fotos: Daniel Simon, mit Ausnahme von S. 147 (oben links): Wolfgang Papp
Umschlaggestaltung: Felix Kempf, www.fx68.de
Lithografie: Mohn Media, Gütersloh
Druck: Print Consult GmbH, München
Printed in Czech Republic, 2026

Delius Klasing Verlag GmbH, Siekerwall 21, D - 33602 Bielefeld
Tel.: 0521/559-0
E-Mail: info@delius-klasing.de
www.delius-klasing.de